Lahcen Chillasse

Pour une conservation durable des Oiseaux d'Eau du Moyen Atlas Maroc

Lahcen Chillasse

Pour une conservation durable des Oiseaux d'Eau du Moyen Atlas Maroc

Une valeur ornithologique inestimable

Éditions universitaires européennes

Impressum / Mentions légales
Bibliografische Information der Deutschen Nationalbibliothek: Die Deutsche Nationalbibliothek verzeichnet diese Publikation in der Deutschen Nationalbibliografie; detaillierte bibliografische Daten sind im Internet über http://dnb.d-nb.de abrufbar.
Alle in diesem Buch genannten Marken und Produktnamen unterliegen warenzeichen-, marken- oder patentrechtlichem Schutz bzw. sind Warenzeichen oder eingetragene Warenzeichen der jeweiligen Inhaber. Die Wiedergabe von Marken, Produktnamen, Gebrauchsnamen, Handelsnamen, Warenbezeichnungen u.s.w. in diesem Werk berechtigt auch ohne besondere Kennzeichnung nicht zu der Annahme, dass solche Namen im Sinne der Warenzeichen- und Markenschutzgesetzgebung als frei zu betrachten wären und daher von jedermann benutzt werden dürften.

Information bibliographique publiée par la Deutsche Nationalbibliothek: La Deutsche Nationalbibliothek inscrit cette publication à la Deutsche Nationalbibliografie; des données bibliographiques détaillées sont disponibles sur internet à l'adresse http://dnb.d-nb.de.
Toutes marques et noms de produits mentionnés dans ce livre demeurent sous la protection des marques, des marques déposées et des brevets, et sont des marques ou des marques déposées de leurs détenteurs respectifs. L'utilisation des marques, noms de produits, noms communs, noms commerciaux, descriptions de produits, etc, même sans qu'ils soient mentionnés de façon particulière dans ce livre ne signifie en aucune façon que ces noms peuvent être utilisés sans restriction à l'égard de la législation pour la protection des marques et des marques déposées et pourraient donc être utilisés par quiconque.

Coverbild / Photo de couverture: www.ingimage.com

Verlag / Editeur:
Éditions universitaires européennes
ist ein Imprint der / est une marque déposée de
OmniScriptum GmbH & Co. KG
Heinrich-Böcking-Str. 6-8, 66121 Saarbrücken, Deutschland / Allemagne
Email: info@editions-ue.com

Herstellung: siehe letzte Seite /
Impression: voir la dernière page
ISBN: 978-3-8416-6462-4

Zugl. / Agréé par: extrait de la thèse Chillasse L. 2004. Les peuplements d'oiseaux d'eau des lacs du Moyen o-temporelle et applications à la typologie et à l'évaluation patrimoniale des sites. Thèses Doctorat Es Sciences, Université Moulay Ismail

INTRODUCTION GENERALE

En dépit du fait qu'elles avaient joué un rôle crucial dans l'histoire de l'humanité et qu'elles soient parmi les milieux les plus productifs au monde, les zones humides n'ont attiré l'attention des gestionnaires que récemment. Ces milieux remplissent des fonctions variées et ont des valeurs écologiques très importantes.

Ainsi, on désigne par zones humides : "les étendues de marais, de fagnes, de tourbières ou d'eaux naturelles ou artificielles, permanentes ou temporaires, où l'eau est stagnante ou courante, douce, saumâtre ou salée, y compris les étendues d'eau marine dont la profondeur à marée basse n'excède pas six mètres". Cette définition assez vaste est celle de la convention sur les zones humides d'importance internationale (dite Convention de Ramsar*).

Le Maroc, qui compte parmi les premiers pays ayant ratifié cette convention, est considéré comme le pays d'Afrique du Nord le mieux pourvu en eaux continentales. La grande variabilité spatiale des conditions climatiques et géologiques accentue cette richesse en créant une panoplie d'écosystèmes aquatiques depuis les lacs, les étangs, les rivières et les sources de montagne jusqu'aux sebkhas sahariennes.

Actuellement, on compte une vingtaine de lacs naturels permanents essentiellement répartis entre deux chaînes montagneuses, le Moyen Atlas et le Haut Atlas.

Ces zones humides offrent des habitats écologiques à de nombreuses espèces végétales et animales et favorisent ainsi des activités qui ont des retombées socio-économiques non négligeables : exploitation de plantes, chasse, pêche, tourisme, loisirs.

Toutefois, cette richesse n'a pu être épargnée à temps des impacts des activités anthropiques, qui continuent de peser sur le fonctionnement normal de ces écosystèmes.

Convaincu du rôle primordial que jouent les zones humides dans le maintien et la conservation de la biodiversité, le Centre d'Etudes des Migrations d'Oiseaux (CEMO) de l'Institut Scientifique de Rabat, en collaboration avec plusieurs Universités marocaines, a lancé des études de suivi écologique des différentes composantes des zones humides du Maroc (cartographie des habitats, végétation et faune aquatiques, phénologie et microdistribution des oiseaux...).

---

*Convention Ramsar : appelée aussi Convention sur les zones humides d'Importance internationale spécialement pour les oiseaux d'eau, a été signée à Ramsar (Iran) en 1971 et mise en application en décembre 1975.

En adhérant à cette convention en 1980, le Maroc désigna la merja zerga, la lagune de Khnifiss, la merja de sidi Bou-Ghaba et l'Aguelmam Afenourir comme les quatre zones humides d'importance Internationale ou site Ramsar

1

Nos investigations antérieures et le présent travail de recherche ont été conçus dans ce cadre ; ils s'intéressent aux zones humides du Moyen Atlas, plus particulièrement aux lacs naturels.

Ce type de milieu d'une grande productivité végétale offre des habitats favorables à une faune aquatique très variée. Outre leur intérêt écologique et scientifique, ces lacs jouent un rôle socio-économique important, aussi bien par leurs ressources naturelles riches et variées que par leur valeur paysagère.

Considérés, selon plusieurs Dahirs et arrêtés visiriels, comme "sites classés", ces écosystèmes représentent un véritable capital écologique et culturel pour le pays, où l'enjeu de l'eau est déterminant et la tendance à l'assèchement climatique se confirme de plus en plus.

Durant ces dernières années, suite aux fortes sécheresses que le Maroc a connues, le nombre et la surface de ces lacs ont sérieusement régressé. Très convoités, ces plans d'eau sont le siège d'intenses activités réductrices (pompage des eaux, surpâturage, pollutions, activités touristiques anarchiques, chasse, pêche...). Par ailleurs, certaines de ces pratiques tendent à gagner sur la totalité des bassins versants de ces lacs et accentuent leur fragilité.

Il était donc urgent d'étudier ces milieux très agressés pour connaître leur état actuel et proposer des solutions de sauvegarde conciliant la conservation écologique et les impératifs socio-économiques de la région, surtout que les lacs du Moyen Atlas offrent encore beaucoup d'espoir quant à leur maintien dans un état plus ou moins naturel.

Pour appréhender une telle problématique, on s'est efforcé au début de ce travail de répondre à quatre questions fondamentales :

(1) Que savons-nous de l'écologie des lacs naturels du Moyen Atlas ?

(2) Quelles sont leurs valeurs écologiques et patrimoniales ?

(3) Où se situent les principales sources de menace de ces valeurs ?

(4) Comment gérer ces valeurs et ces menaces ?

Nous avons été surpris de constater que nos connaissances sur l'écologie et la biologie de ces lacs sont assez limitées, malgré le fait que ces milieux apparaissent comme un excellent champ d'investigation en Biogéographie, en Ecologie comme en Systématique ; leur faune et leur flore ne sont connues que de manière sectorielle et fragmentaire. Les principales études ont concerné les Algues (Gayral 1954) ; (Somers 1972) et (Aabi 1985) et les Crustacés Entomostracés (Ramdani 1986), les Coléoptères ripicoles de certains lacs du Moyen Atlas (Maachi 1995) et les Mollusques (Bouka 1993 et Ghamizi 1998). Trois travaux synthétiques concernent les poissons (principalement les espèces allochtones) et leur exploitation économique (Mouslih 1984, Zraouti 1993 et Azeroual 2003).

La présence d'une masse d'eau permanente crée des microclimats autour des lacs, attirant ainsi de nombreuses espèces de Vertébrés terrestres (singes, sangliers…) susceptibles de s'y abreuver, leur écologie et leur degré de dépendance de ces lacs nécessitent encore des investigations approfondies.

Pour l'avifaune, les observations sont certes nombreuses (recensements hivernaux réguliers coordonnés par le Centre d'Etude des Migrations d'Oiseaux "CEMO") mais les synthèses sont rares (Lapeyre 1983 ; Franchimont *et al.* 1994, El Agbani 1997, Qninba 1999, Chillasse 2000, Chillasse *et al.* 2001 et Dakki *et al.* 2003), elles traitent essentiellement des caractéristiques de l'hivernage des oiseaux, parfois dans un cadre comparatif avec les autres régions du Maroc.

Les valeurs écologiques des lacs du Moyen Atlas sont nombreuses, elles méritent cependant d'être précisées à travers une analyse des types d'habitats (biotypologie) et caractérisation des espèces endémiques, rares ou menacées.

Pour inventorier l'ensemble de ce patrimoine naturel et proposer des mesures aptes à garantir sa préservation, la réalisation de plans de gestions nous semble d'une grande priorité.

De nombreuses politiques de protection de la nature, s'appuyant souvent sur des bons indicateurs biologiques (oiseaux, poissons) et sur les valeurs paysagères, ont cherché à inventorier les espaces naturels remarquables (Inventaire des sites Ramsar, Plan Directeur des Aires Protégées, programme ZICO, Initiative MedWet…), puis à y faire appliquer des mesures de protection (Réserves naturelles, Parcs Nationaux, Réserve de chasse ou de pêche…).

Ces inventaires manquent parfois d'arguments scientifiques pour justifier la délimitation des sites. Cette situation est particulièrement nette pour les écosystèmes lacustres qui créent toujours autours d'eux une ceinture non négligeable qui abritant une faune terrestre associée aux lacs, alors que cette bordure est le siège d'activités humaines à fort impact sur le milieu aquatique, qui est parfois difficile d'inclure comme zone d'influence à gérer avec ce milieu.

Dans toutes les rencontres scientifiques sur les Oiseaux d'eau et les zones humides, (colloques, congrès et conférences scientifiques), un consensus se dégage sur l'idée qu'il ne peut y avoir de gestion efficace des zones humides (faune, flore, habitats écologiques,

---

*Programme ZICO : Programme de conservation des Zones d'Importance pour la Conservation des Oiseaux.

paysages…) sans une prise en compte de la totalité du bassin versant (Dakki *et al.* 1996, Dakki & El Hamzaoui 1998). Cette idée se confirme de plus en plus dans la stratégie de la Convention de Ramsar.

Le présent travail avait pour objectif ultime d'éclairer les gestionnaires et la communauté scientifique sur les valeurs des lacs moyen-atlasiques, sur les impacts qu'ils subissent et sur les solutions de conservation qui leur conviennent. Toutefois, le manque de connaissances solides sur le fonctionnement de ces sites, nous a contraint à focaliser nos efforts sur :

-la constitution d'un fond de données sur ces milieux, dont nous essayerons d'effectuer les recoupements nécessaires à l'échelle nationale (rôle des bases de données),

-le développement de suivis écologiques permettant d'apprécier l'évolution des caractéristiques et des qualités de ces écosystèmes, ainsi que des menaces que leur font subir les activités humaines.

Incapable de mener une étude exhaustive de toutes les composantes écologiques, nous avons focalisé notre travail sur les oiseaux, sachant qu'ils constituent, selon la majorité des scientifiques, les meilleurs indicateurs du fonctionnement des écosystèmes.

Dans le présent mémoire, cette approche a été faite dans quatre thématiques distinctes :

La 1ère partie a été consacrée à une présentation de la région d'étude (Moyen Atlas), laquelle présentation tente de situer les lacs dans leur contexte géologique, géomorphologique, climatique, hydrographique, socio-économique et législatif.

Une analyse de la variation des composantes mésologiques des milieux lacustres, nous a permis d'en élaborer une typologie écologique des lacs moyen-atlasiques. Cette partie comporte aussi une description et une cartographie des habitats des lacs. En plus de leur valeur en tant qu'éléments de description, la cartographie et la typologie mésologique des lacs ont été utilisées comme support pour comprendre et illustrer la répartition des oiseaux.

La 2ème partie s'intéresse à l'analyse de la structure des communautés des oiseaux d'eau en tant qu'indicateurs de productivité, de diversité et d'état de conservation des habitats. Un inventaire commenté des espèces recensées pendant trois cycles annuels résume l'ensemble des informations sur leur phénologie et leur abondance. A l'issue de cet inventaire les espèces ont été regroupées dans des catégories phénologiques.

La 3ème partie comporte l'étude de la biotypologie spatio-temporelle du peuplement avien des lacs du Moyen Atlas, accompagnée d'une analyse de la répartition spatiale et des variations saisonnières de la composition spécifique de ce peuplement. Cette partie présente également une analyse des préférences de chaque espèce vis à vis des différents milieux lacustres, qui a permis de définir les valeurs ornithologiques de chaque site.

Enfin, la caractérisation de l'hivernage des principales espèces a été abordée grâce aux données des recensements hivernaux de la période 1983-2000.

En appliquant les critères de sélection de la Convention de Ramsar à l'échelle internationale et ceux proposés par le CEMO (El Agbani 1977, Qninba 1999 et Dakki *et al.* 2001) à l'échelle nationale, nous avons pu identifier les sites d'importance internationale et nationale pour l'hivernage des oiseaux d'eau.

La 4ème partie aborde l'ensemble des valeurs et fonctions des zones humides du Moyen Atlas en tant que zones d'intérêt majeur pour la conservation de la biodiversité à l'échelle nationale.

Après un passage en revue des différents systèmes de protection et de gestion des zones humides mis en place et des différentes contraintes qui pèsent sur leur bon fonctionnement, nous achevons le présent travail par des propositions et des recommandations pour une meilleure conception des plans de gestion et de conservation de ces zones humides à la fois uniques et rares sur le territoire national.

PEUPLEMENT AVIEN DES LACS DU MOYEN ATLAS : STRUCTURE, COMPOSITION ET PHENOLOGIE

I.1 Introduction

Les premières publications consacrées à l'avifaune des lacs du moyen Atlas remontent aux années 20 (Lynes 1920, Hartert 1926 et Carpentier 1933). Avec la multiplication des expéditions naturalistes au Maroc, au début des années cinquante, plusieurs articles et notes dédiés à l'avifaune du Maroc en général et à celle des Lacs en particulier, ont été publiés, évoquant l'intérêt de ces zones humides montagneuses pour les oiseaux aquatique (Panouse 1950, Dorst 1951, Snow 1952, Gayral & Panouse 1954, Heim de Balsac & Mayaud 1962, Smith 1965, Géroudet 1965, Vielliard 1970, Louette 1973, Dubois & Duhautois 1977, Morgane 1982)

Depuis, les observations ornithologiques se sont multipliées, mais une synthèse sur l'avifaune de ces écosystèmes faisait défaut; toutefois Lapeyre (1983), Franchimont *et al.* (1993), El Agbani (1997) ont abordé avec une approche synthétique les tendances et les caractéristiques de l'hivernage des Anatidés pour le Maroc en général et plus particulièrement pour le Moyen Atlas.

Par ailleurs, les recensements hivernaux d'oiseaux d'eau réalisés au Maroc depuis 1964 se sont presque toujours intéressés aux lacs naturels, quoique de manière plus au moins partielle (Blondel & Blondel 1964, Hovette & Kowalski 1972). En outre, depuis 1974, l'Institut Scientifique de Rabat réalise et centralise à l'échelle nationale les comptages hivernaux d'oiseaux d'eau, mais ce n'est qu'à partir de 1983 que ces comptages sont devenus réguliers (Beaubrun & Thevenot 1983, 1984 et 1988, Beaubrun *et al.* 1986 et 1988a, Dakki *et al.* 1989, 1991 et 1995, Dakki & El Agbani 1993, El Agbani et *al.* 1990, El Agbani & Dakki 1992 et 1994).

Cependant, une compilation de la bibliographie disponible ne permet pas de connaître la phénologie annuelle précise de l'ensemble de l'avifaune de ces lacs. A cela, nous apportons notre contribution par la réalisation d'un suivi mensuel de l'ensemble de l'avifaune aquatique de ces zones humides moyen-atlasiques, avec une périodicité régulière et une méthodologie standard de recensement.

II.2 Méthodologie

L'étude de la phénologie de l'avifaune aquatique des lacs a consisté en des suivis mensuels au cours desquels toutes les espèces d'oiseaux d'eau présentes ont été recensées à l'aide d'un télescope ou des jumelles. Nous avons écarté dans cette étude les passereaux qui nécessitent l'utilisation d'une méthodologie de dénombrement différente de celle normalement utilisée dans les recensements des oiseaux d'eau.

Les recensements ont été effectués à partir de points d'observation fixes, choisis de manière à permettre une couverture, la plus exhaustive possible, de chaque secteur et d'éviter les vues à contre-jour et le dérangement des oiseaux.

Malgré tous les efforts de prospection déployés, il est fort probable que les effectifs de certaines espèces soient légèrement sous-estimés en raison principalement de l'existence de nombreux obstacles inévitables : végétation, envol et la dispersion des oiseaux aux alentours de la zone humide.

Dans l'étude des oiseaux nicheurs et estivants de la région, nous avons mis à profit toutes les données disponibles sur le sujet. Il s'agit avant tout des résultats d'un suivi de terrain, plus au moins régulier, que nous avons réalisé sur plusieurs années auparavant. Par ailleurs, cette étude reprend les renseignements disponibles dans la littérature et l'exploitation d'informations inédites redevables à d'autres observateurs (que l'on ne manquera pas de mentionner).

Etant donné le problème de camouflage des espèces, les indices de reproduction les plus utilisés ont été basés sur l'observation du comportement sexuel des oiseaux. Cependant, seuls les indices et les preuves les plus significatifs ont été exploités lorsque les habitats et/ou les sites d'observation correspondent bien à des aires normales de nidification :

-présence de l'espèce dans son habitat en période de nidification,

-présence de couples dans leur habitat en période de nidification,

-comportement nuptial : parade, ou échange de nourriture entre adultes (offrandes),

-accouplement ou copulation,

-construction d'un nid ou transport de matériaux de construction,

-présence d'un nid contenant des œufs ou des jeunes,

-présence de jeunes en duvet ou des jeunes venant de quitter le nid, incapables de voler sur de longues distances.

Les espèces d'oiseaux d'eau trouvées dans les lacs du Moyen Atlas ont été classées dans des catégories phénologiques ; avec parfois une révision de son statut au niveau de cette région.

III.3 Résultats

III.3.1 composition du peuplement avien

Vingt-sept espèces d'oiseaux aquatiques ont été recensées au niveau des lacs naturels du Moyen Atlas au cours de la période d'étude (Tableau, Annexe1). Le groupe des Anatidés est classé au premier rang avec 10 espèces, suivi des Limicoles avec 9 espèces ; Les Rallidés et les Podicipedidés viennent en troisième rang avec 3 espèces chacun alors que Les Ardéidés ne sont représentés que par deux espèces.

C'est à partir du mois de novembre que les lacs naturels du Moyen Atlas connaissent l'arrivée d'un grand flux de migrateurs, parmi lesquels se trouvent plusieurs espèces hivernantes. Le maximum d'espèces est donc enregistré en période d'hivernage, plus particulièrement aux mois de décembre et de janvier, avec 24 espèces.

Cette richesse spécifique demeure plus ou moins stable durant l'hiver ; dès le mois de février, elle diminue progressivement pour se stabiliser autour de 10 à 12 espèces entre avril et juin. Cependant, en été le nombre d'espèces connaît une légère augmentation et ce en relation avec l'arrivée de nouveaux estivants sur les sites.

En terme d'effectifs le nombre total d'oiseaux associés aux lacs est variable d'une année à l'autre voire d'une saison à l'autre. En période estivale, plus précisément durant les mois de mai à juillet, le nombre d'individus fréquentant les lacs ne dépasse guère 3500 individus. Les effectifs d'oiseaux augmentent progressivement à partir du mois d'août, accroissement en relation directe avec le début de la migration automnale (postnuptiale) et l'arrivée de nouvelles espèces migratrices ou des hivernantes. Cette tendance se maintient jusqu'en décembre et janvier avec des maxima de 11228 oiseaux en décembre 1997, 15893 oiseaux en janvier 1998 et 8652 individus recensés en janvier 1999 (Tableau annexe1). Avec le départ des hivernants qui est très manifeste à partir du mois de février, l'effectif des individus chute progressivement pour se stabiliser vers fin avril. Des pics de passage, de certaines espèces en migration vers le nord, peuvent être enregistrés durant les mois de mars et d'avril et accroissent légèrement et momentanément les effectifs d'oiseaux sur les lacs.

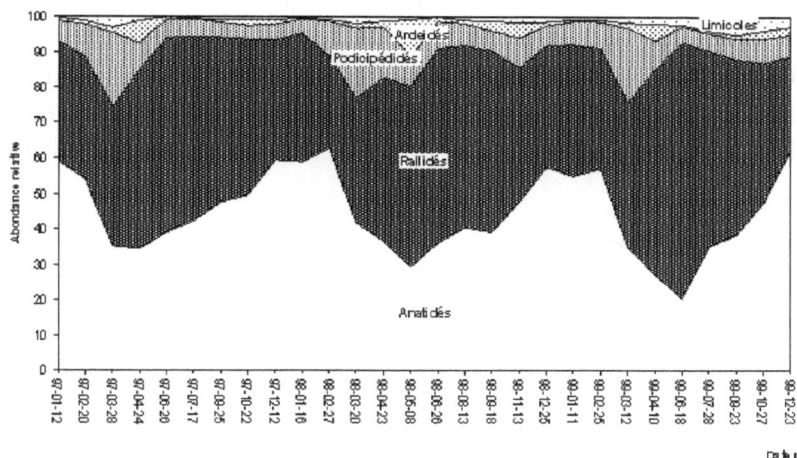

Figure 31 : Variation de l'abondance relative des différents groupes d'oiseaux dans les lacs du Moyen Atlas.

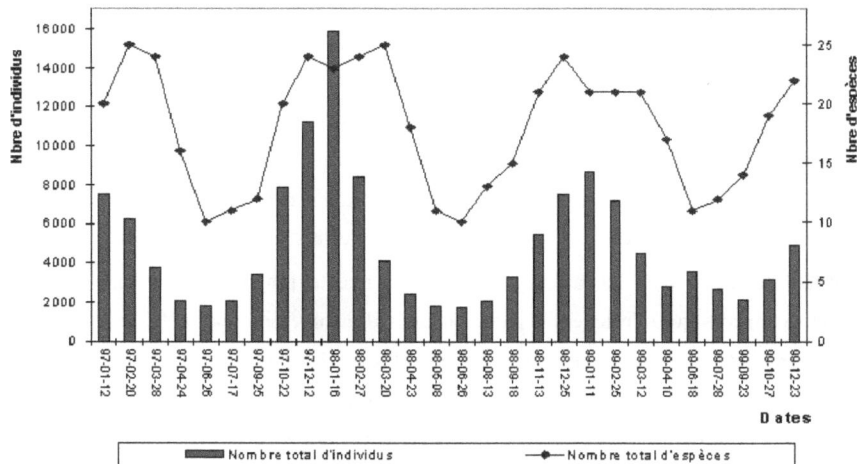

Figure 32 : Evolution de la richesse spécifique et de l'effectif total des oiseaux d'eau dans les lacs du Moyen Atlas.

Les Anatidés constituent par excellence le groupe le plus représenté en effectifs comme en nombre d'espèces (Figure 31), leur nombre représente jusqu'à 55% (en moyenne) des oiseaux recensés. Les Rallidés occupent la seconde place avec en moyenne 33% des oiseaux et un maximum de 72 % enregistré durant l'été 1999 en relation avec de grands rassemblements de deux espèces de Foulque (*Fulica atra* et *Fulica cristata*) sur les zones humides du Moyen Atlas.

Les Podicipedidés occupent la troisième place (8% en moyenne), avec des proportions variant entre 4% et 20% tout au long de l'année.

Les autres groupes, Les Limicoles et les Ardéidés, bien représenté sur le plan spécifique (11 espèces) sont peu abondants et ne dépassent guère les 3% en moyenne de l'effectif des oiseaux.

Sur le plan spécifique pour l'ensemble des trois cycles annuels étudiés (1997 à 1999) (Figure 32), la Foulque macroule est de loin la plus abondante avec un maximum de 4885 individus sur l'ensemble des lacs suivi par le canard colvert avec un maximum de 2345 individus. Le Tadorne casarca et la Foulque caronculée ont enregistré des maxima de 1168 et 1745 individus respectivement.

III.4 Analyse par groupe

III.4.1 Anatidés

Les contingents d'Anatidés migrateurs commencent à arriver dans les lacs à partir du mois de septembre avec les premiers canards colverts suivis de quelques fuligules milouins. A cette période de l'année, l'effectif du Tadorne casarca connaît une nette augmentation avec le début des rassemblements de cette espèce au niveau de certains lacs durant l'automne.

Par la suite, les effectifs des canards continuent à augmenter progressivement suite à l'arrivée d'autres espèces qui s'installent à partir du mois d'octobre tels que le Canard siffleur, le Canard chipeau, le Canard souchet et la Sarcelle d'hiver. L'arrivée du Pilet sur les lieux n'est manifeste qu'à partir de décembre. Les maxima d'oiseaux sont toujours notés en décembre et janvier, 4441 oiseaux pour janvier 1997, 6690 individus en décembre 1997, 9381 individus en janvier 1998 et 4766 individus en janvier 1999. Le maximum enregistré en janvier 1998, serait consécutif à une vague de froid qui s'est abattue sur l'Europe et qui a entraîné l'arrivée d'effectifs importants de Canards (Figure 33).

Dès le début du mois de février, les effectifs connaissent une baisse qui s'accentue en mars, et ce en relation avec le déclenchement des départs de retours vers les aires de nidification au Nord. Les derniers "retardataires" quittent les lacs vers la fin du mois d'avril.

Le Canard colvert *Anas platyrhynchos* est l'espèce la mieux représentée au niveau des lacs avec une moyenne de fréquentation de 770 individus, suivi par le Fuligule milouin *Aythya ferina* (410 individus en moyenne), le Tadorne casarca *Tadorna ferruginea* (409 individus en moyenne); occupe la troisième place. Le Canard souchet *Anas clypeata* fréquente les lacs avec une moyenne de 366 individus (Figure 33), le Canard siffleur *Anas penelope* avec 223 individus et le Canard chipeau *Anas strepera* avec 160 individus.

Les autres espèces, la Sarcelle d'hiver *Anas crecca*, le Canard pilet *Anas acuta* et le Fuligule morillon *Aythya fligula,* restent peu représentés sur les lacs avec une moyenne ne dépassent guère 9 individus.

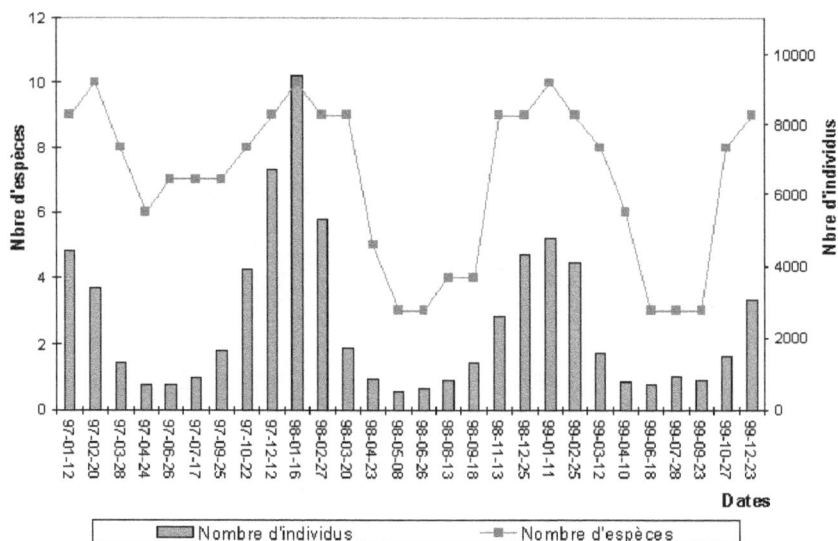

Figure 33 : Evolution de l'effectif et le nombre d'espèces d'Anatidés dans les lacs du Moyen Atlas

III.4.2 Rallidés

La richesse spécifique des Rallidés s'est avérée constante durant toute la période d'étude. Ce groupe est représenté par trois espèces omniprésentes sur les lacs à savoir la Poule d'eau

Gallinula chloropus, la Foulque macroule *Fulica atra* et la Foulque caronculée *Fulica cristata*.

Les Rallidés, en terme d'abondance, représentent le deuxième groupe d'oiseaux au niveau de certains lacs (Aguelmam Afennourir, Dayet Awa, Aguelmam n'Tifounassine, Aguelmam Sidi Ali et Dayet Ifrah). Au début de chaque automne, des contingents très importants, surtout des les Foulques macroules, commencent à arriver sur ces lacs et se mélangent aux populations sédentaires nicheuses. A cette période de l'année, les foulques caronculées opèrent des rassemblements très denses. Les trois espèces de Rallidés fréquentent ces zones humides avec des effectifs moyens de 64, 1257 et 625 individus respectivement pour la Poule d'eau, la Foulque macroule et la Foulque caronculée (Figure 34).

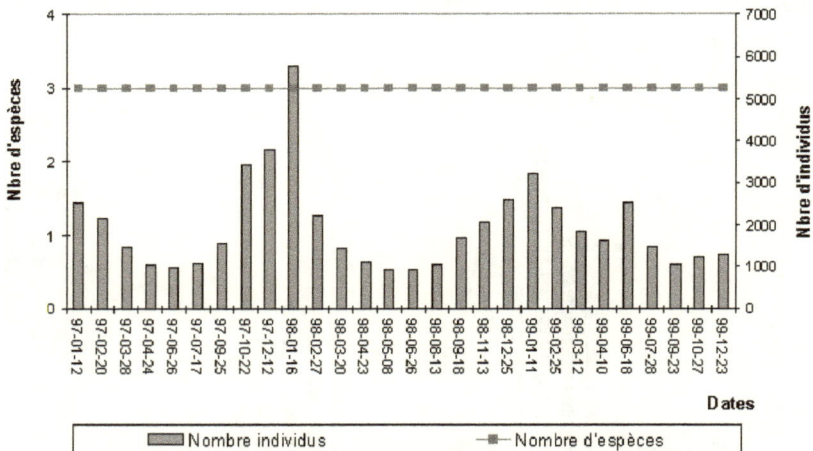

Figure 34 : Evolution des effectifs et du nombre d'espèces de Rallidés dans les lacs du Moyen Atlas

Les maxima sont de 1137 individus en octobre 1997 et 1025 individus en décembre pour *Fulica cristata,* 2655 oiseaux en décembre 1997 et 4885 oiseaux en janvier 1998 pour *Fulica atra*, et 116 individus en octobre 1997 et 105 décembre 1997 pour *Gallinula chloropus*. Durant l'hiver, l'effectif des Rallidés diminue légèrement et ne dépasse guère 1600 individus pour *F. atra* et 600 individus pour *F. cristata* et 80 oiseaux pour *G. chloropus* (Figure 34).

La transhumance des Foulques caronculées vers les plaines et les zones côtières, en hiver, est en partie responsable de cette baisse des effectifs en hiver.

Suite au départ des hivernants vers leurs zones de reproduction, à la fin de chaque printemps, les effectifs commencent à se stabiliser entre 1000 et 2000 oiseaux.

III.4.3 les Ardéidés

Les Ardéidés sont représentés par deux espèces : Aigrette garzette *Egretta garzetta* et Héron cendré *Ardea cinerea* (Figure 35).

Considérés comme des migrateurs de passage et des hivernants régulièrement observés sur les lacs du Moyen Atlas, les Ardéidés sont souvent représentés par des effectifs relativement faibles, ils sont observés lors de la migration postnuptiale (début de septembre). Leur effectif augmente régulièrement jusqu'en décembre où le maximum enregistré est de 250 individus d'Aigrette garzette (décembre 1998).

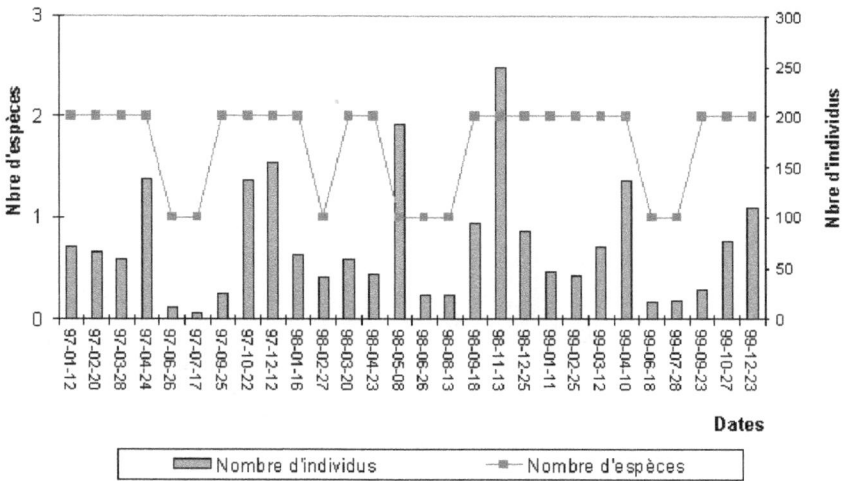

Figure 35 : Evolution des effectifs et du nombre d'espèces des Ardéidés dans les lacs du Moyen Atlas

A partir du mois de janvier l'effectif de ce groupe diminue et n'excède que rarement 70 oiseaux. La migration prénuptiale se manifeste dès le mois de mars avec le départ des derniers hivernants ou de certains individus en halte migratoire vers leurs "quartiers" de reproduction, des pics de passage peuvent être enregistrés en avril

(134 individus en avril 1999). Quelques rares estivants sont de temps en temps observés durant le mois d'août.

Des individus ont stationné sur différentes zones humides pendant la période de nidification, celle-ci n'a pu être confirmée par aucun indice valable.

III.4.4 Podicipédidés

Les Podicipedidés sont représentés par 3 espèces, Grèbe castagneux *Tachybaptus ruficolis*, Grèbe huppé *Podiceps cristatus* et Grèbe à cou noir *Podiceps nigricolis* (Figure 36).

Considérés comme des nicheurs et des hivernants régulièrement observés sur les lacs du Moyen Atlas. Les Podicipédidés sont souvent représentés par des effectifs modérés avec une moyenne de 337 individus.

Ils sont observés lors de la migration postnuptiale (début septembre), le nombre des Podicipédidés augmente régulièrement jusqu'en décembre pour se stabiliser entre 600 et 800 individus, le maximum enregistré étant de 970 individus en janvier 1999.

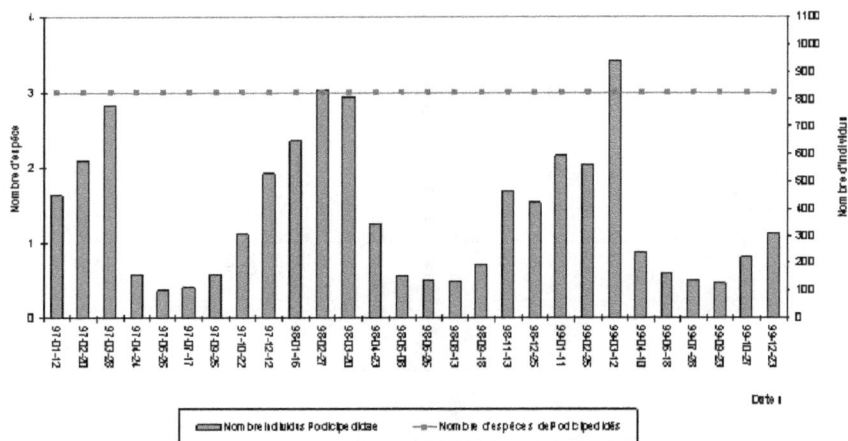

Figure 36 : Evolution des 'effectifs et du nombre d'espèces des Podicipedidés dans les lacs du Moyen Atlas

A partir du mois de février, les hivernants commencent à quitter les Lacs. Des pics de passage du Grèbe à cou noir peuvent être enregistrés en février et en mars et augmentent l'effectif des Podicipédidés (779 individus en mars 1997 et 836 individus en février 1998).

Durant la période de reproduction les Podicipédidés sont estimés à 160 individus et la reproduction des trois espèces a été prouvée sur les lacs du Moyen Atlas.

14

III.4.5 Limicoles

Malgré leur richesse spécifique relativement élevée les Limicoles restent peu abondants sur l'ensemble des lacs moyen-atlasiques et leurs effectifs ne dépassent guère le seuil de 140 individus. L'évolution du nombre d'espèces est différente comparativement aux autres groupes (Figure 37). Ils ne sont représentés, lors de la période de reproduction, que par une ou deux espèces. C'est en période hivernale, surtout en décembre, que toutes les espèces sont présentes et bien représentées (93 individus en décembre 1997 ; 111 individus en décembre 1998 et 141 individus en décembre 1999). L'Echasse blanche *Himantopus himantopus*, Le Chevalier cul-blanc *Tringa ochropus* et le Vanneau huppé *Vanellus vanellus* sont par excellence les espèces les plus représentées. La seule espèce de Limicole qui se reproduit occasionnellement sur les lacs est l'Echasse blanche.

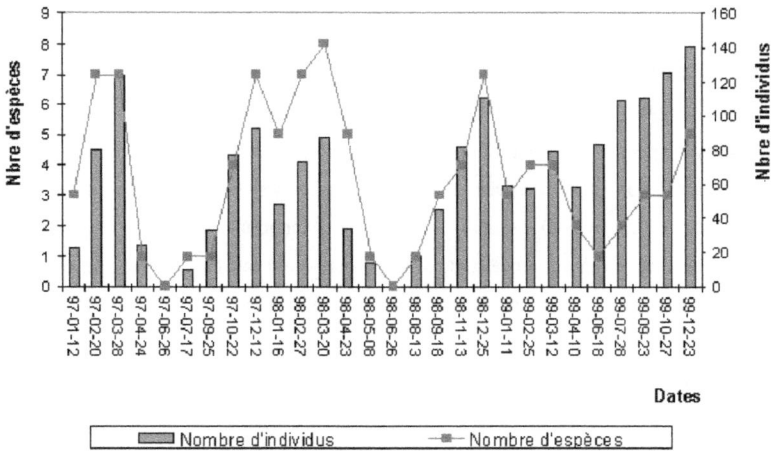

Figure 37 : Evolution des effectifs et du nombre d'espèces des Limicoles dans les lacs du Moyen Atlas

15

IV ANALYSE PAR ESPECE

La plupart des données relatives au statut phénologique de l'ensemble des espèces associées aux lacs du Moyen Atlas proviennent des dénombrements effectués au cours de la période janvier 1997-décembre 1999. Cependant, en dehors de cette période, d'autres données, personnelles, bibliographiques ou extraites de la base de données Oiseaux d'eau de l'Institut Scientifique de Rabat, sont utilisées pour clarifier davantage le statut d'une espèce ou avancer des données sur sa phénologie ou sa reproduction.

A- Espèces observées durant la présente étude

A.1 Famille des Podicipédidés

A.1.1 Grèbe castagneux *Tachybaptus ruficollis*

Le Grèbe castagneux est un résident nicheur et hivernant très commun dans les lacs Abekhane, Zerrouka, Amghass, Afennourir et Wiwane.

Sur ces sites l'espèce est présente toute l'année. L'afflux des migrateurs est noté dès le mois d'août et leur effectif augmente avec les nouveaux arrivages. Les maxima notés en hivernage sont 130 à Abekhane le 16/01/97 et 95 individus à Afennourir le 12/12/97 (Figure 38). Les hivernants commencent à quitter les lacs dès le mois de février. Le passage prénuptial est très peu marqué, décelé par une augmentation des effectifs en mars et avril. Des estivants ont été régulièrement observés de mai à juin; les preuves de nidification ont été notées dans les plans d'eau d'Amghass où 2 à 3 couples reproducteurs (accompagnés de jeunes) sont observés régulièrement.

Sur le plan d'eau de Zerrouka, quelques couples accompagnés de leur progéniture sont notés souvent au mois de juin 2 couples le 19/07/95, 3 le 17/07/97 et 2 le 26/06/98).

Sur l'Aguelmam Afennourir l'espèce se reproduit régulièrement, deux couples au moins accompagnés de jeunes sont observés durant le mois de juin de chaque année.

Au niveau d'Aguelmam Abekhane, le Castagneux se reproduit régulièrement, en moyenne trois couples sont présents durant la période de reproduction (3 couples le 26/06/97, 2 couples avec des jeunes le 25/06/98 et 3 couples avec leurs poussins le 18/06/99).

16

Sa reproduction reste possible à Dayet Awa où deux couples estivants sont notés régulièrement sur le lac.

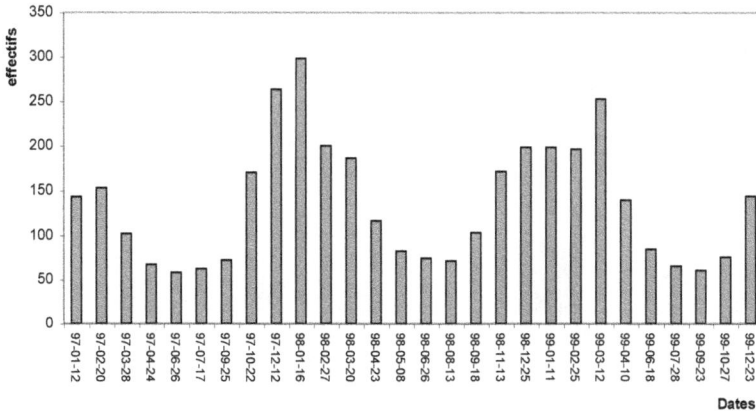

Figure 38 : Evolution globale des effectifs du Grèbe castagneux Tachybaptus ruficollis dans l'ensemble des lacs du Moyen Atlas

Les huit lacs qui contribuent largement à la phénologie globale de cette espèce au niveau des lacs du Moyen Atlas sont : Afennourir, Tifounassine, Abekhane, Awa, Ifrah, Amghass et Zerrouka (Figure 39). Les tracés phénologiques au niveau de ces zones humides corroborent l'histogramme phénologique global.

A-1-2 Grèbe huppé *Podiceps cristatus*

Le statut du Grèbe huppé défini par Thevenot *et al.* 2003 et qui le qualifie comme "résident local rare et visiteur d'hiver", correspond bien à la situation de l'espèce au niveau des lacs du moyen Atlas.

Ainsi, on peut observer toute l'année des Grèbes huppés sur les lacs Sidi Ali, Afennourir et Dayet Awa. Hivernant commun, les premiers individus arrivent sur les sites à partir de fin septembre début d'octobre ou des contingents viennent renforcer la population nicheuse. Ces effectifs augmentent progressivement jusqu'en janvier (maxima de 39 individus le 12/12/97 à Aguelmam Sidi Ali, 28 individus le 11/01/99 à Afennourir, 47 le 11/01/99 à Dayet Awa et 26 le 23/12/99 à Dayet Ifrah).

Le retour vers les quartiers de reproduction, commence à partir du mois de février; les derniers migrateurs et hivernants sont notés jusqu'en avril (Figure 40).

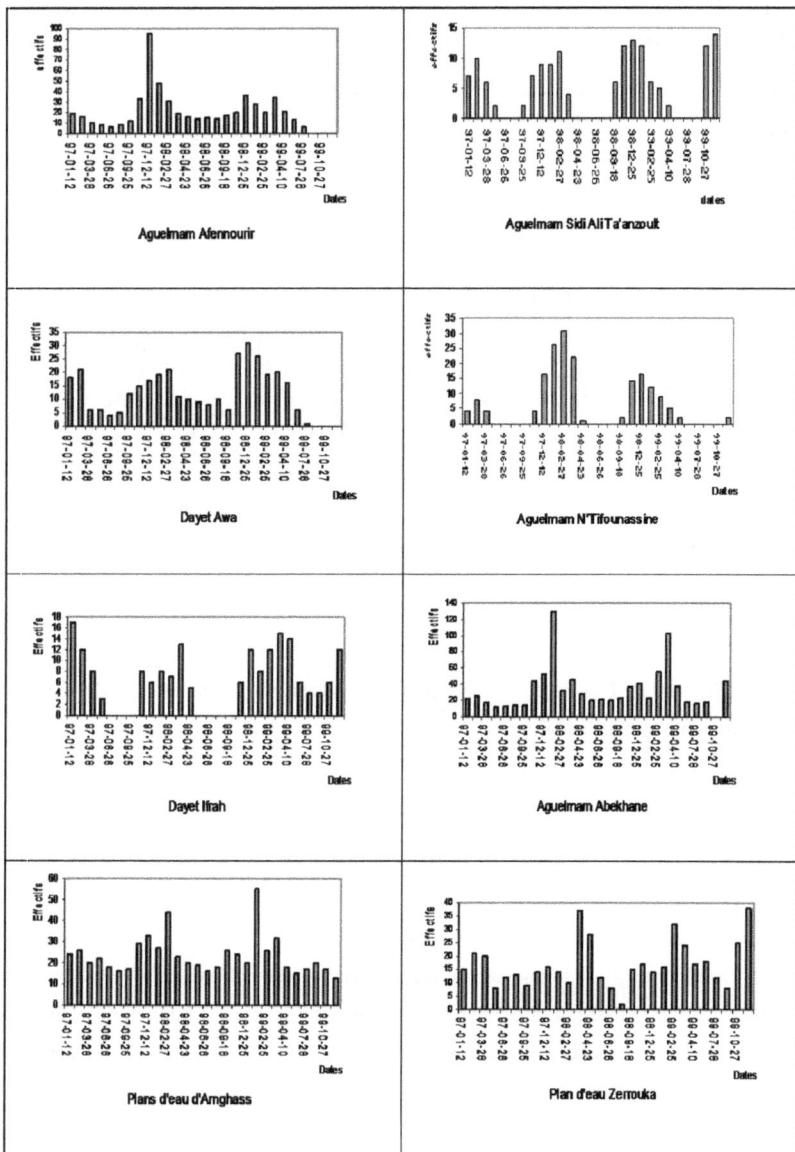

Figure 39 : Evolution des effectifs du Grèbe castagneux au niveau des lacs du Moyen Atlas

18

Les premières données sur sa nidification au Moyen Atlas remontent à 1971, une première observation a été reportée de Dayet Awa en juillet 1971 (Louette 1973) où deux couples nicheurs ont été observés le 01/07/81; deux adultes avec un jeune chacun ont été relevés le 28/06/81 à Aguelmam Afourgagh et un couple en parade à Aguelmam Afennourir le 12/4/81 (Thevenot *et al.* 1981).

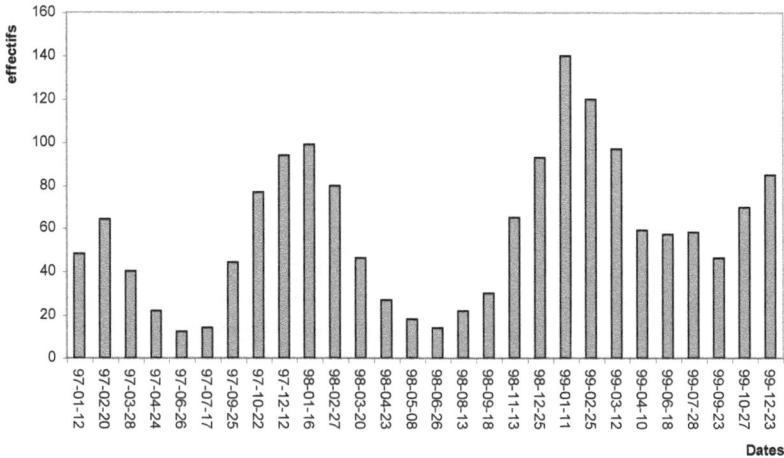

Figure 40 : Evolution globale des effectifs du Grèbe huppé Podiceps cristatus dans l'ensemble des lacs du Moyen Atlas

Les observations récentes de la nidification de cette espèce sont compilées dans ce qui suit :

-36 exemplaires, quelques jeunes et quatre nids occupés à Dayet Awa le 09/07/89 (Mdaghri Alaoui *et al.* 1989),

-un couple en pleine parade nuptiale à Aguelmam Sidi Ali le 10/05/90 (Pouteau 1990),

-une vingtaine de couples, quelques-uns en parade à Awa le 24/04/91 (Pouteau *et al.* 1992),

-6 couples avec des jeunes à Dayet Awa le 20/07/93 et deux couples avec des jeunes la même date à Aguelmam Afennourir,

-une vingtaine en famille à Aguelmam Afennourir le 23/06/96 et 3 individus à Aguelmam Sidi Ali le 17/05/96 (El Ghazi & Franchimont 1997),

-une bonne dizaine dont deux couples paradent à Aguelmam Sidi Ali le 16 janvier 1998,

-deux nichées ont été notées à Afennourir le 18/06/99,

-30 exemplaires de Grèbes huppés dont quatre couples accompagnés de jeunes le 18/06/99 à Dayet Awa,

-deux couples estivent régulièrement sur Dayet Ifrah, alors que 7 individus sont notés le 13/08/98 et 6 individus le 27/07/99. Les six lacs qui contribuent largement à la phénologie globale de cette espèce au niveau des lacs du Moyen Atlas sont : Sidi Ali, Afennourir, Tifounassine, Abekhane, Awa et Ifrah, (Figure 41). Les tracés phénologiques au niveau de ces zones humides concordent avec la phénologie globale (Figure 40).

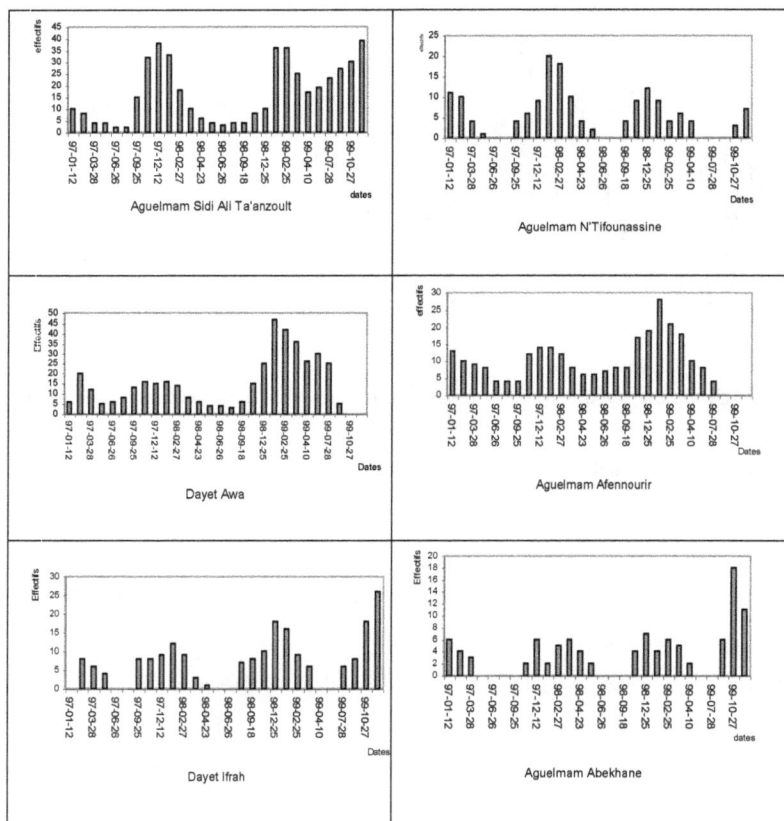

Figure 41 : Evolution des effectifs du Grèbe huppé au niveau des lacs du Moyen Atlas

A.1.3 Grèbe à cou noir *Podiceps nigricollis*

Nicheur rare, très localisé, présent dans cinq lacs du moyen Atlas (Afennourir, Sidi Ali, Tifounassine, Awa et Ifrah). Le Grèbe à cou noir préfère les lacs de grandes superficies pourvus d'une végétation hygrophile dense qui lui permet de se cacher.

Hivernant irrégulier et généralement en faible nombre. Les premiers arrivages se déroulent à partir de fin septembre ou début de novembre. Le retour vers les quartiers de nidification se fait très tôt à partir du mois de février. En dehors de la période des grands passages, la taille de la population, pour l'ensemble des lacs est très réduite (entre 17 et 30 individus).

Des pics de passages prénuptiaux sont clairement observables sur plusieurs sites durant les mois de mars et avril (450 exemplaires le 28/03/97 et 530 exemplaires le 12/03/99 à Afennourir, 274 exemplaires et 20/03/98 à Dayet Awa (Figure 42).

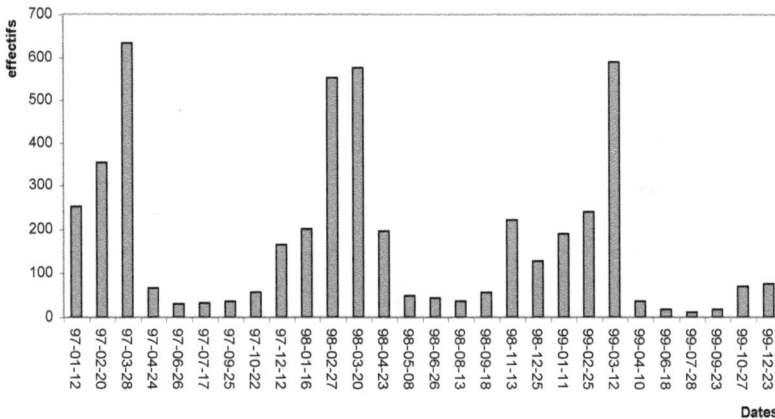

Figure 42 : Evolution globale des effectifs du Grèbe à cou noir Podiceps nigricollis dans l'ensemble des lacs du Moyen Atlas

L'accroissement des effectifs est net en hiver, avec l'arrivée d'individus européens qui se superposent à la population locale. Les plus importants groupements de l'espèce ont été notés au niveau d'Aguelmam Afennourir.

Au cours de notre étude nous n'avons pu déceler aucun indice de la reproduction de cette espèce sur les lacs. Cependant, les données sur sa nidification au niveau des lacs du Moyen Atlas sont récentes et proviennent essentiellement de deux lacs Aguelmam Afennourir et Dayet Awa :

21

-sur Afennourir : une trentaine d'individus observés par couples avec parades le 10/03/1991, deux individus à Dayet Awa le 28/04/91 et une centaine le même jour à Afennourir (Pouteau *et al.* 1992),

-150 individus souvent en couples ont été signalés au niveau d'Aguelmam Afennourir le 26/04/92 (Pouteau 1993),

- 12 exemplaires ont été observés le 08/04/93 à Afennourir (Schollaert *et al.* 1994),

-à la fin du mois d'avril un pic de passage est clairement noté à Afennourir avec plusieurs centaines d'oiseaux le 26/04/96 (El Ghazi & Franchimont 1996),

-une trentaine minimum à Afennourir le 23/06/96 (El Ghazi & Franchimont 1997),

-au moins 130 nids sont occupés pour un total d'environ 300 exemplaires (El Ghazi *et al.* 1998-99).

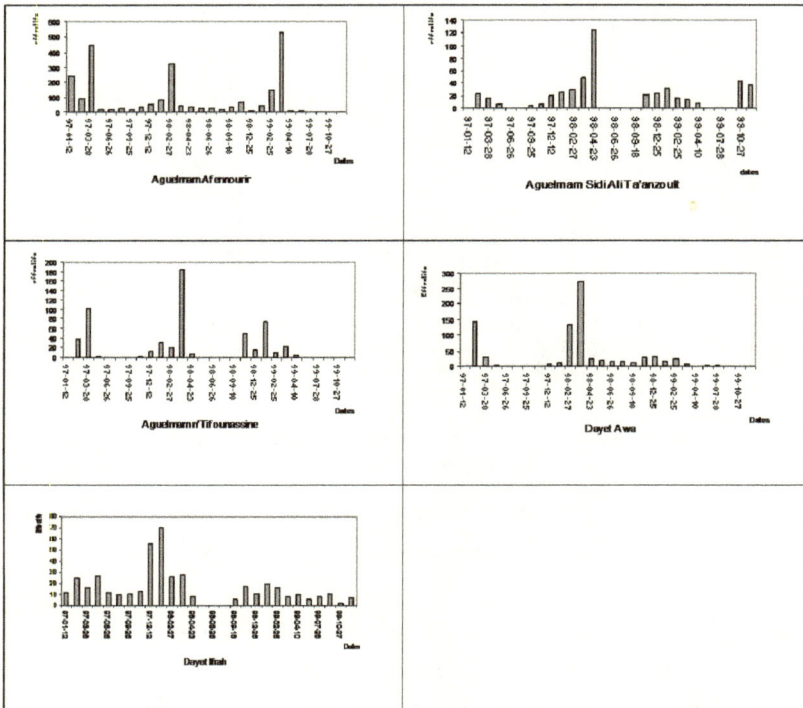

Figure 43 : Evolution des effectifs du Grèbe à cou noir au niveau des lacs du Moyen Atlas

Les cinq lacs à large contribution dans la phénologie globale de cette espèce au niveau des lacs du Moyen Atlas sont : Sidi Ali, Afennourir, Tifounassine, Awa et Ifrah, (Figure 43). Les tracés phénologiques au niveau de ces zones humides correspondent aux tendances de l'histogramme phénologique global de l'espèce au niveau de l'ensemble des lacs.

A.2 Famille des Ardéidés

A.2.1 Héron cendré *Ardea cinerea*

Au Maroc, le Héron cendré est considéré comme un migrateur de passage et un hivernant régulier.

Le contrôle et les reprises des oiseaux bagués en Europe, montrent bien que les aires d'hivernage de cette espèce s'étendent beaucoup plus vers le sud en Afrique de l'Ouest (Moreau 1972).

Cette espèce se montre commune en hivernage dans la plupart des lacs. Les passages de l'automne, souvent en petites troupes, voire en individus isolés peuvent êtres enregistrés dès le mois de septembre et se prolongent jusqu'au mois de novembre avec des maxima notés durant les mois d'octobre et de décembre : 8 individus le 22/10/97 à Dayet Awa, 7 à Sidi Ali le 27/10/99 et 13 à Afennourir durant les mois de novembre et de décembre 1998 (Figure 44).

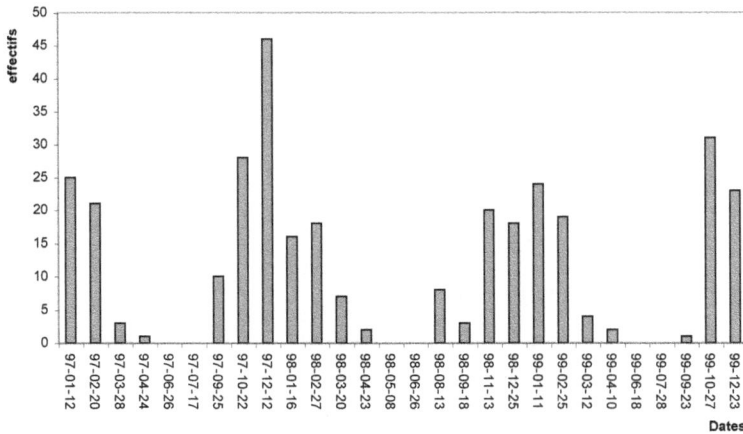

Figure 44 : Evolution des effectifs du Héron cendré Ardea cinerea dans l'ensemble des lacs du Moyen Atlas

La migration prénuptiale est très manifeste dès le mois de mars avec le départ des derniers hivernants ou de certains individus en halte migratoire vers leurs quartiers de reproduction. Ce

23

passage se poursuit jusqu'en avril. Quelques estivants rares sont de temps en temps observés durant le mois d'août : 2 exemplaires sur les Aguelmams Sidi Ali et Azegza et 3 individus sur Aguelmam n'Tifounassine. Des hérons ont stationné sur différentes zones humides pendant la période de nidification, sans qu'aucun indice ne puisse y laisser suggérer celle-ci., 3 exemplaires ont été observés le 23/06/89 à Amghass et 18 individus le 09/07/89 à Dayet Awa (Mdaghri Alaoui *et al.* 1989).

Les quatre lacs qui renseignent beaucoup sur l'hivernage et la migration de cette espèce sont Aguelmam Afennourir, Dayet Awa, Dayet Ifrah et Aguelmam n'Tifounassine (Figure 45).

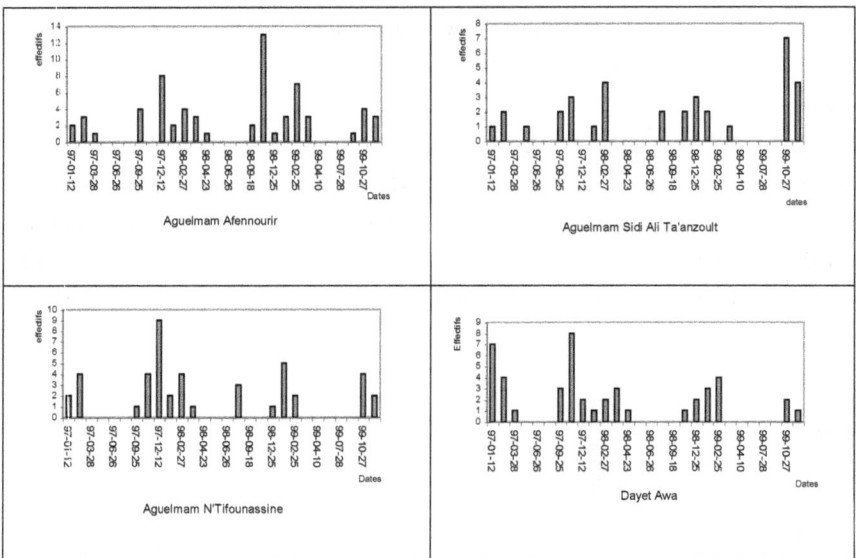

Figure 45 : Evolution des effectifs du Héron cendré au niveau des lacs du Moyen Atlas

A-2-2- Aigrette garzette *Egretta garzetta*

Au Maroc le statut de l'Aigrette garzette se définit comme étant une espèce nicheuse sédentaire, migratrice et hivernante (Thevenot *et al.* 2003).

Dans l'ensemble des lacs, l'espèce est commune; elle est représentée par des effectifs très réduits variant généralement entre 2 et 20 individus. Les plus fortes concentrations sont observées en période des passages migratoires avec des maxima de 105 individus notés à Dayet Awa le 10/04/99, 76 individus observés le 13/11/98 à Aguelmam Afennourir et 65 individus le 08/05/98 à Aguelmam Sidi Ali (Figure 46).

24

Cette espèce reste relativement fréquente au passage postnuptial. Cette migration débute en septembre puis le nombre des aigrettes augmente régulièrement jusqu'en novembre pour diminue en période d'hivernage.

La migration prénuptiale se déclenche à partir du mois de mars. Les contingents les plus élevés sont notés en mai. L'espèce est souvent observée sur les lacs lors de sa période de reproduction.

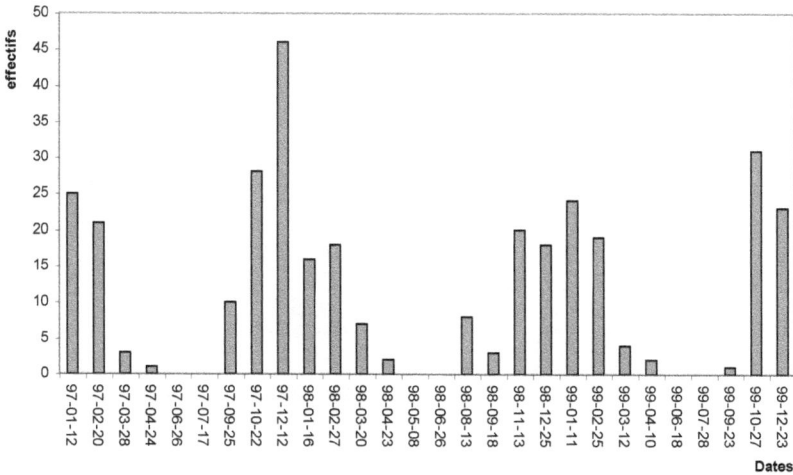

Figure 46 : Evolution des effectifs de l'Aigrette garzette Egretta garzetta dans l'ensemble des lacs du Moyen Atlas

Cependant, aucune donnée actuelle sur sa nidification n'est disponible au niveau des lacs. La seule preuve de nidification de cette espèce provient d'Aguelmam Afourgagh où elle a niché de 1980 à 1983, dans une héronnière mixte avec des hérons garde-bœufs et bihoreau (Ministère de l'Agriculture, 1995).

Les quatre lacs qui renseignent suffisamment sur la phénologie de cette espèce sont Sidi Ali, Afennourir, Tifounassine et les plans d'eau d'Amghass (Figure 47)

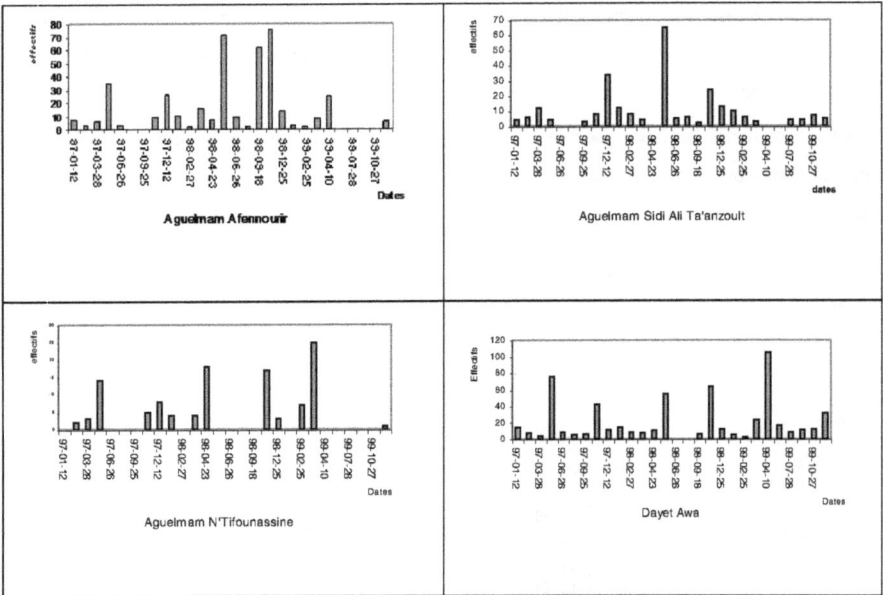

Aguelmam Afennourir

Aguelmam Sidi Ali Ta'anzoult

Aguelmam N'Tifounassine

Dayet Awa

Figure 47 : Evolution des effectifs de L'Aigrette garzette au niveau des lacs du Moyen Atlas.

A.3 Famille des Anatidés

A.3.1 Tadorne casarca *Tadorna ferruginea*

Au Maroc, l'aire de répartition de cette espèce est localisée sur plusieurs lacs du Moyen Atlas central ainsi que sur des zones subdésertiques ou désertiques du sud du pays.

Cependant, le Tadorne casarca peut fréquenter une panoplie d'habitats depuis les zones humides côtières, lagunes et zones de marais jusqu'aux prairies, bords des ruisseaux des régions montagneuses ou sahariennes.

Généralement, la nidification a lieu dans des endroits couverts par une végétation dense en pleine forêt. Moins fréquemment, l'espèce peut utiliser un trou dans une falaise basse, un support arbustif et mêmes des ruines d'édifices, elle peut aussi nicher à plusieurs kilomètres des points d'eau (Cramp & Simmons 1977).

Le Tadorne casarca est considéré comme une espèce vulnérable subissant un large déclin en Europe, la population nord-ouest africaine est relativement stable (Tucker & Heath 1994); elle est estimée à 3000 tadornes (Delany & Scott 2002)

26

La population marocaine est considérée en grande majorité comme nicheuse sédentaire (El Agbani 1997 et Thevenot *et al.* 2003).

Au cours des hivers doux, cette population hivernerait non loin de ses quartiers de nidification, tandis qu'au cours des hivers rudes l'espèce procéderait à une opération de transhumance depuis les hauteurs des montagnes des Atlas vers les basses plaines côtières plus clémentes (Vieillard 1970).

Les lacs naturels du Moyen Atlas ont toujours constitué des quartiers d'hivernage et de reproduction de prédilection pour cette espèce dans la mesure où ils hébergent en hivernage plus de 50 % de cette population.

Ainsi, le Tadorne casarca est omniprésent, toute l'année, au niveau des Aguelmams Sidi Ali Ta'anzoult, Afennourir, Tifounassine, Wiwane et Abekhane (Figure 48).

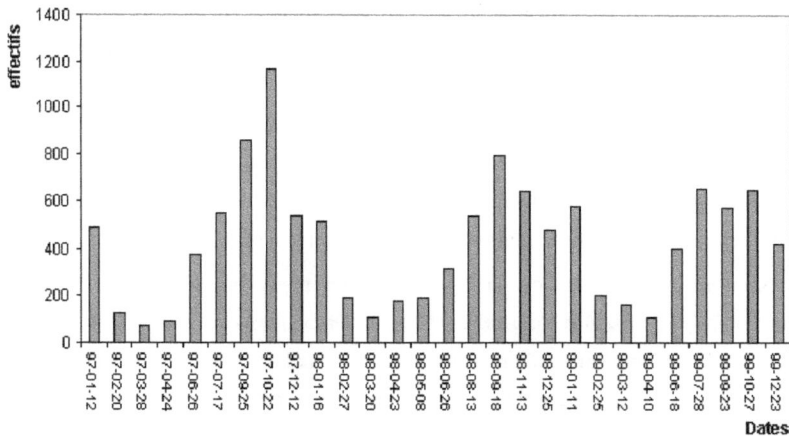

Figure 48 : Evolution des effectifs de Tadorne casarca Tadorna ferruginea dans l'ensemble des lacs du Moyen Atlas

En hivernage, l'espèce est présente mais avec des effectifs moyens ne dépassant guère les 200 individus. Les effectifs les plus faibles, au niveau des lacs, (souvent inférieurs à la centaine) sont recensés en période de reproduction, l'espèce rejoint les lieux de sa nidification essentiellement situés en pleine forêt de cèdre et de chêne vert parfois à une quinzaine de kilomètres loin des lacs.

Durant notre étude, nous avons constaté que l'espèce fréquente les lacs avec une moyenne annuelle de 188 individus pour Aguelmam Sidi Ali, 150 individus au niveau d'Afennourir, 42 individus pour Aguelmam n'Tifounassine et 32 individus pour Dayet Ifrah.

Les effectifs les plus élevés sont notés a partir du début de l'automne (max = 612 individus à Afennourir le 22/10/97, 577 individus à Sidi Ali le 27/10/99). Les effectifs très élevés notés en période d'estivage sont en relation avec des rassemblements parfois importants plus particulièrement à l'occasion de la mue de fin d'été (El Agbani 1997).

Les différences d'abondance constatées entre l'été et l'hiver, pourraient laisser supposer une migration de cette population vers des endroits plus cléments (plaines et zones sub-désertiques et désertiques) que ceux de haute montagne très rude. Cependant, on ne peut pas concevoir de migration transcontinentale pour cette espèce (Lapeyre 1983).

L'espèce présente un comportement erratique très manifeste, probablement dû aux changements climatiques telles les sécheresses locales et les chutes de neige fortes et brutales ou la disponibilité de nourriture (Britton & Crivelli 1993). Ainsi, Lors de l'assèchement d'Aguelmam Afennourir et partiellement de Aguelmam n'Tifounassine, les effectifs du Tadorne casarca recensés au niveau de Sidi Ali ont subit une nette augmentation. Le Tadorne casarca peut aussi passer toute la journée dans des petites zones humides isolées en pleine forêt de cèdre (exemple du marécage de Mijmouane où des effectifs très élevés du Tadorne ont été signalés à maintes reprises). Au coucher du soleil, on constate un retour des individus sur les trois lacs (Sidi Ali, Afennourir et Tifounassine) qui se regroupent pour y passer la nuit et s'alimenter; la dispersion des individus commence tôt le matin.

Les données sur la nidification du Tadorne casarca au niveau des lacs du Moyen Atlas remontent à Lynes (1920) et Carpentier (1933); les témoignages des habitants de la région, les archives de la station de pisciculture d'Azrou et des Eaux Forêts confirment l'omniprésence et la reproduction de cette espèce sur ces lacs. L'espèce a niché dans le passé sur Dayet Hachlaf et Aguelmam N'douite, actuellement à sec, 4 couples avec des poussins de 3 à 4 jours ont été observés sur ce dernier site (Thévenot *et al.* 1981).

Durant notre étude, nous avons pu constater plusieurs cas de nidification de cette espèce dans les forêts de chêne vert et de cèdre aux alentours des deux lacs Aguelmam Afennourir et Aguelmam Sidi Ali. A partir du mois de mai, des familles accompagnées de jeunes canetons font leur apparition sur le lac Sidi Ali et aussi sur les bords du lac Afennourir. Les observations se résument comme suit :

-plusieurs couples en parade nuptiale à Sidi Ali le 24/04/97,

-quatre couples suivis de 6 à 9 jeunes chacun à Sidi Ali le 26/06/97,

-deux nids occupés dans la forêt aux alentours de Sidi Ali le 08/04/98,

-des couples accompagnés de jeunes à Afennourir le 26/06/98,

-trois couples avec leur progéniture à Afennourir le 08/05/98,

-deux couples avec 8 jeunes chacun à Sidi Ali le 18/06/99.

Nous avons pu recenser jusqu'à 5 nids avec des canetons le 12/04/2000 dans la forêt aux environs de Sidi Ali.

La littérature ornithologique est très riche en renseignements sur la reproduction de cette espèce au niveau des lacs du Moyen Atlas:

-deux familles avec 7 à 10 jeunes à Sidi Ali le 03/06/89 (Mdaghri *et al.* 1989),

-sur la plaine de Ta'anzoult (col du Zad) un couple a été observé le 24/04/92 avec 10 jeunes et une femelle accompagnée de 7 jeunes de taille moyenne le 22/05/92 (Pouteau 1992),

-une dizaine d'adultes accompagnés de quelques jeunes à Aguelmam Sidi Ali le 17/05/96 (El Ghazi & Franchimont 1996)

Les quatre lacs qui jouent un rôle prépondérant et déterminant dans la phénologie de cette espèce sont Sidi Ali, Afennourir, Tifounassine et Ifrah.

L'évolution des histogrammes des effectifs du Tadorne casarca au niveau de ces trois sites reflète en grande partie à la phénologie globale de cette espèce dans l'ensemble de la région du Moyen Atlas. (Figure 49).

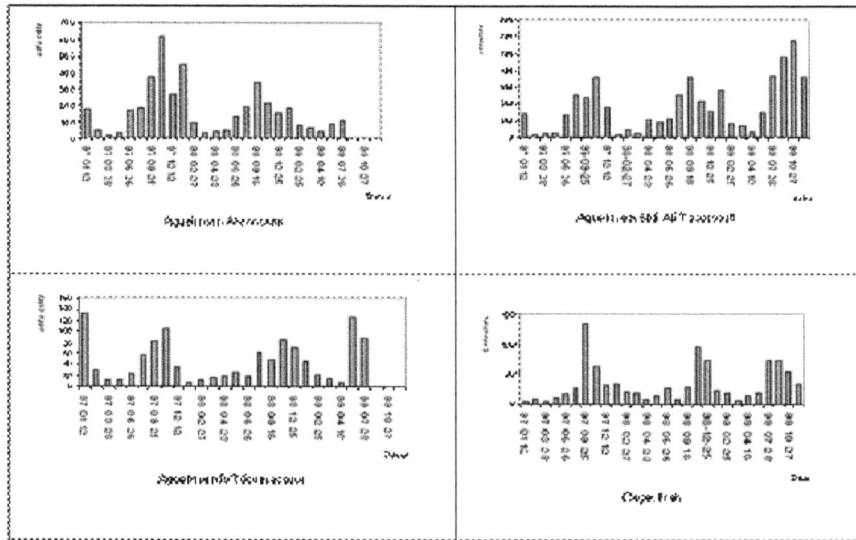

Figure 49 : Evolution des effectifs du Tadorne casarca au niveau des lacs du Moyen Atlas.

29

A.3.2 Canard siffleur *Anas penelope*

Les principales populations de cette espèce nichent dans l'Ouest-paléarctique en Europe au nord de la Grande-Bretagne, de la Belgique, du Danemark, de l'Allemagne de l'Est et de la pologne. On le trouve dans les régions septentrionales de la Russie et de l'Asie jusqu'au Pacifique (El Agbani 1997).

En hiver, deux populations de Canard siffleur se distinguent au niveau de cette région biogéographique celle du Nord-Ouest de l'Europe, estimée à 1.250.000 individus et celle de la Mer Noire/Méditerranée de l'ordre de 560.000 individus (Scott & Rose 1996). Les reprises d'oiseaux bagués opérées au Maroc ont comme origine la Fédération de Russie, les Pays Scandinaves (Finlande), les Pays Bas, l'Angleterre, la France et l'Espagne (El Agbani 1997). Les hivernants au Maroc appartiennent à la population de Mer Noire/Méditerranée (qui atteint, plus à l'ouest, l'Italie, la France, l'Espagne, l'Algérie et la Tunisie) qui hiverne, entre autre, en Mer Noire et Mer Caspienne, en Turquie et en Grèce.

Le Siffleur est un canard végétarien s'alimentant sur les feuilles, tiges, bulbes, rhizomes et graines. Ce matériel est obtenu soit en pâturant dans des prairies, pelouses et steppes en marge des zones humides, soit en filtrant à la surface de l'eau (Cramp & Simmons 1977).

Le Canard siffleur est considéré au Maroc comme un hivernant régulier et abondant. Au niveau des lacs naturels du Moyen Atlas, les informations sur l'hivernage de cette espèce proviennent de cinq lacs : Afennourir, Sidi Ali, Tifounassine, Awa et Ifrah.

Comme la majorité des canards hivernants, il est normalement absent de mai à septembre, voire octobre (Figure 50).

Le plus souvent, les premiers contingents d'hivernants commencent à s'installer à partir de la deuxième semaine d'octobre. Les plus fortes concentrations peuvent être observées depuis la mi-novembre jusqu'à fin janvier (les maxima sont de 712 individus observés le 25/12/98 à Afennourir, 314 individus ont été notés à Sidi Ali le 23/12/99 et 131 exemplaires relevés à Dayet Ifrah le 23/12/99).

Le retour vers les aires de nidification commence dès le début du mois de janvier, 80% des populations quittent leurs quartiers d'hiver entre la deuxième décade de janvier et la troisième décade de février et moins de 5% des hivernants y subsistent jusqu'à la première semaine d'avril. Les dates d'arrivée et de départ de cette espèce, au niveau de cette région montagneuse, corroborent plus au moins les modes de son hivernage dans le Nord-Ouest du Maroc (El Agbani 1977) et le centre atlantique (El Hamoumi 2000).

Parallèlement, la durée de séjour est un peu plus courte avec des arrivages tardifs et des départs précoces.

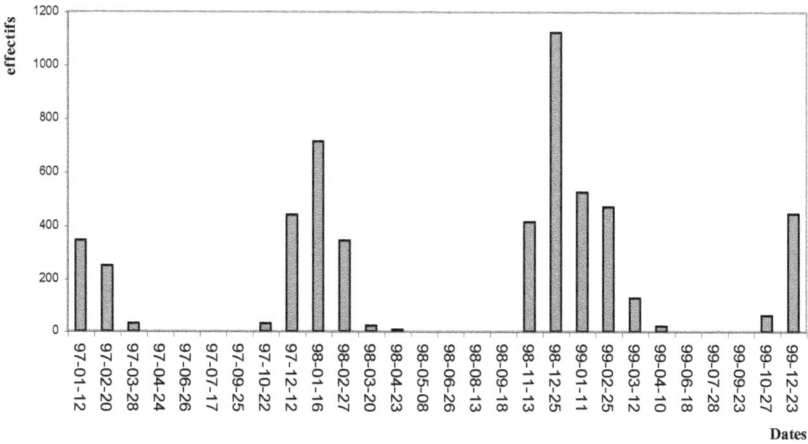

Figure 50 : Evolution des effectifs du Canard siffleur Anas penelope dans l'ensemble des lacs du Moyen Atlas

Le lac qui nous informe le plus sur la phénologie de cette espèce est par excellence Aguelmam Afennourir, où plus de la moitié des hivernants dans la région séjournent (sur les 6261 individus recensés lors de notre étude, 3407 spécimens ont été comptabilisés à Afennourir).

Plus de 80% de la population hivernant sur ce site sont concentrés entre mi-novembre et mi-février pour une durée de séjour d'environ 80 jours les premiers arrivages se produisent dès la deuxième semaine de novembre.

Toutefois, les quatre lacs à large contribution dans la phénologie globale de cette espèce au niveau des lacs du Moyen Atlas, sont par excellence Aguelmams Sidi Ali, Afennourir, Dayet Awa et Dayet Ifrah (Figure 51).

Les tracés phénologiques au niveau de ces zones humides concordent avec l'histogramme phénologique global de l'espèce au niveau de l'ensemble des lacs.

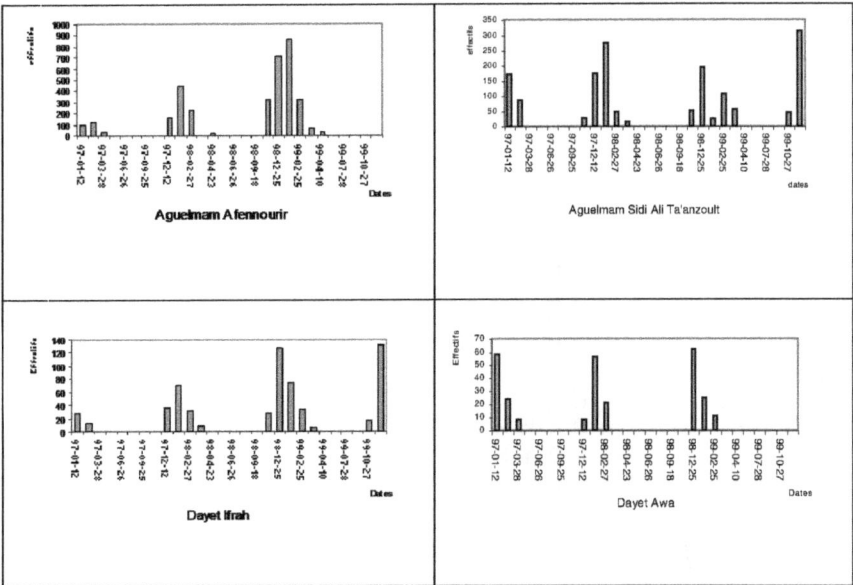

Figure 51 : Evolution des effectifs du Canard siffleur au niveau des lacs du Moyen Atlas

A.3.3 Canard chipeau *Anas strepera*

Au Maroc, le Canard chipeau est considéré comme un nicheur occasionnel et hivernant rare (Thevenot *et al.* 2003). La première preuve de nidification de cette espèce sur les territoires africains a été reportée des lacs du Moyen Atlas plus précisément d'Aguelmam Afourgagh le 13 juin 1980, une nichée a été observée par Faralli, Libis et Destre en 1982 puis le 02/05/82 à Aguelmam n'Tifounassine par Bergier.

L'espèce se reproduit dans des habitats correspondant à de larges pièces d'eau calmes ou peu courantes, peu profondes, pourvues de végétation rivulaire émergente et comportant des bancs ou des îlots (Cramp & Simmons 1977).

Au cours de la période hivernale, l'espèce peut être rencontrée dans des zones humides de faible profondeur (lacs, deltas, estuaires et lagunes). Elle tolère difficilement les sévères périodes de froid hivernal.

A l'échelle du Paléarctique occidental, l'hivernage s'effectue dans deux principales zones : le Nord-Ouest de l'Europe, avec environ 30.000 hivernants et la zone de l'Europe centrale/Mer Noire/Méditerranée, avec quelques 75.000 à 150.000 individus (Scott et Rose 1996). La

32

population hivernante au Maroc est rattachée à celle de l'Europe centrale/Mer Noire/Méditerranée. Deux reprises d'oiseaux bagués proviennent des Pays Bas et des Marismas de Guadalquivir en Espagne (El Agbani 1997).

Au niveau des lacs du Moyen Atlas, les premiers arrivages sont observables dès la fin d'octobre (63 individus le 22/10/97 à Afennourir, 22 Individus à Tifounassine le même jour, 96 exemplaires le 27/10/99 à Sidi Ali). La population hivernante se stabilise au cours de la période allant du début décembre à mi-février et le maximum est atteint en janvier et février (135 individus à Tifounassine le 12/01/97, 112 individus à Dayet Awa le 11/01 /99, 309 individus à Afennourir le 25/02/99).

La population hivernante quitte les lacs avant la fin de mars (Figure 52). Quelques retardataires persistent sur les sites jusqu'à la première semaine d'avril (10 individus ont été observés à Sidi Ali et 5 individus à Afennourir le 10/04/99).

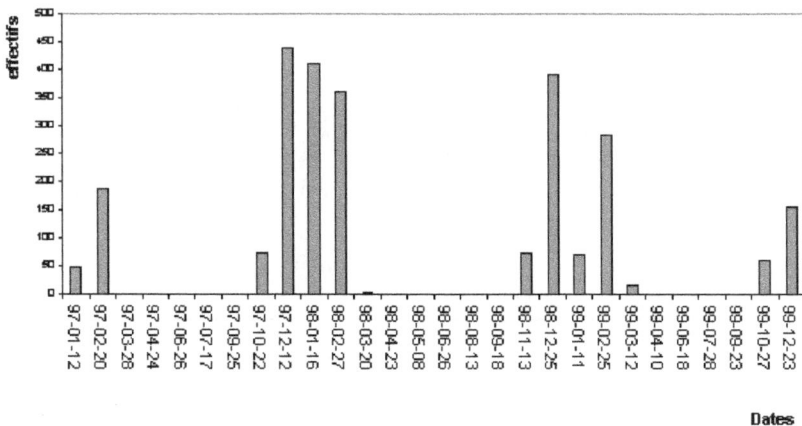

Figure 52 : Evolution des effectifs du Canard chipeau Anas strepera dans l'ensemble des lacs du Moyen Atlas

Lors de notre étude nous n'avons pu constater aucune preuve de nidification de cette espèce dans les lacs. Les seules observations de cette espèce sur les lacs du Moyen Atlas en période de reproduction, sont:

-Quelques couples on été observés à Afennourir le 28/04/91(Pouteau *et al.* 1991).

-25 individus à Dayet Awa le 22/04/92 et 21 individus à Dayet Ifrah le même jour (Pouteau 1992).

Les informations sur l'hivernage de cette espèce proviennent essentiellement de six lacs :
Afennourir, Sidi Ali, Tifounassine, Abekhane, Dayet Ifrah et Dayet Awa, les Aguelmams
Afennourir et Sidi Ali jouent un rôle primordial dans l'hivernage de cette espèce en totalisant
plus de 70 % des effectifs des hivernants ayant fréquenté les lacs durant notre étude (sur les
4512 Chipeaux recensés 2665 ont été comptabilisés sur les deux lacs (Figure 53).

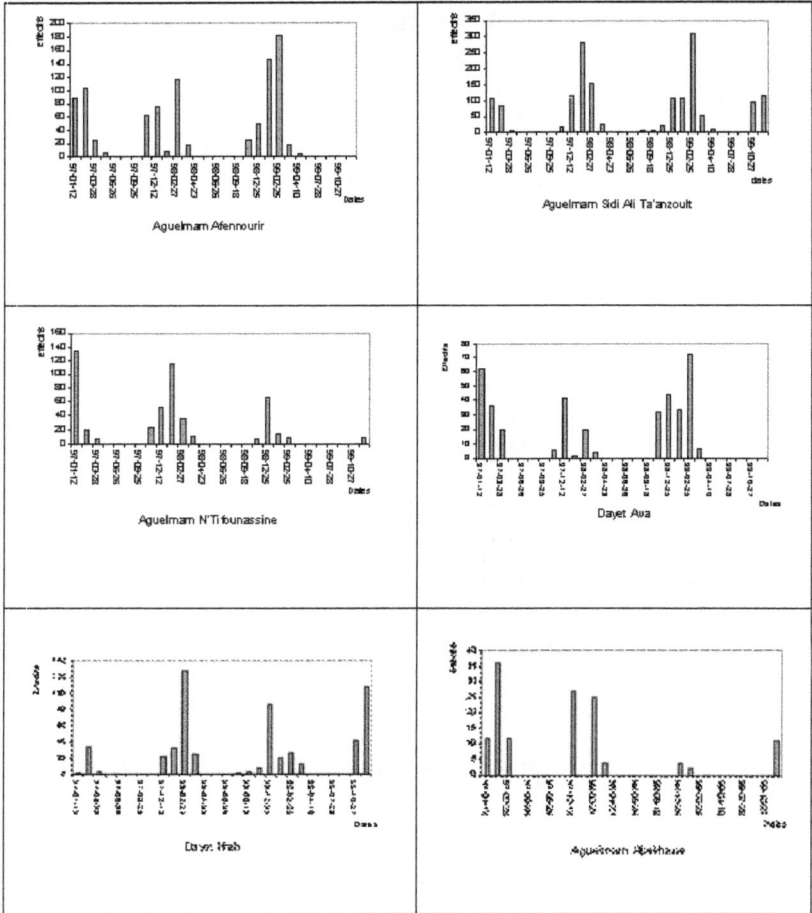

Figure 53 : Evolution des effectifs du Canard chipeau au niveau des lacs du Moyen Atlas

34

A.3.4 Sarcelle d'hiver *Anas crecca*

Au Maroc, la Sarcelle d'hiver a toujours été considérée comme un hivernant régulier. La seule mention où l'espèce est présumée nidifier est celle de Etchecopar & Hüe (1964) qui la supposait nicheuse au lac Fetzara dans le Moyen Atlas. Ce Canard se reproduit principalement dans les latitudes nord à tempérer de l'Ouest-paléarctique. Dans ses quartiers de nidification, ses habitats préférés correspondent aux zones forestières de Scandinavie, aux côtes de la Toundra ainsi qu'au voisinage de petites mares, marais, lagunes et cours d'eau lents relativement eutrophes de zones steppiques à désertiques de Sibérie (Krivenko 1984).

En hivernage, l'espèce fréquente des zones côtières intertidales peu profondes, de larges estuaires, des marécages salés et lagunes. Elle est visible aussi sur les lacs de barrage, même dépourvus de végétation. Au niveau des zones humides à végétation émergente, l'espèce est le plus souvent observable entre celle-ci et l'eau libre (El Agbani 1997).

Les populations nicheuses aux Pays-Bas, en Grande Bretagne, en France et au sud de l'Europe sont sédentaires, et ne migrent vers le sud-ouest que lors des fortes vagues de froid hivernal.

Outre les graines, l'espèce peut se nourrir d'autres matériaux végétaux (*Juncus, Carex, Potamogeton, Ruppia, Myriophyllum, Ranunculus, Salicornia, Aster, Enteromorpha, Zoostera, Lemna* et *Chara*) ou animaux (Mollusques Hydrobiidés, Physidés, Lymnaeidés, larves de Chironomidés, Coléoptères aquatiques, Crustacés Ostracodes et Annélides...)

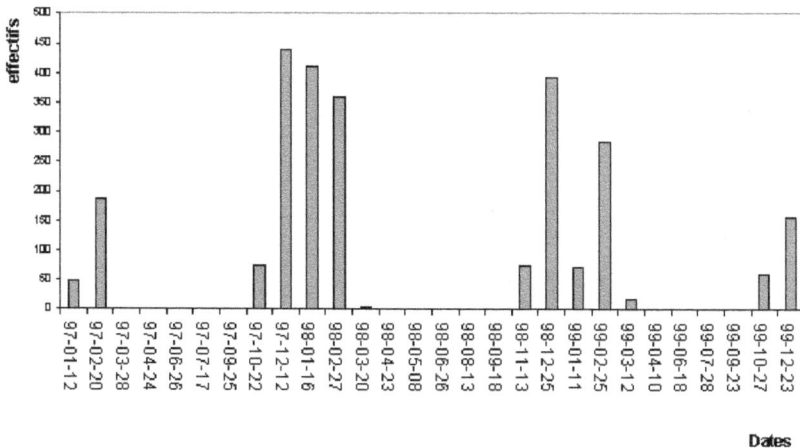

Figure 54 : Evolution des effectifs de la Sarcelle d'hiver Anas crecca dans l'ensemble des lacs du Moyen Atlas

35

La Sarcelle d'hiver est visible au Moyen Atlas en hivernage et lors des passages migratoires post-nuptiaux. Les premiers arrivages ont lieu en octobre (entre le 20 et 30 octobre). Les plus fortes concentrations sont enregistrées durant les premiers mois de la migration post-nuptiale (novembre et décembre).

Des pics de passages sont constatés durant les mois de décembre et février (183 à Sidi Ali, 18 individus à Tifounassine ont été recensés le 12/12/97, 104 exemplaires le 27/02/98 à Sidi Ali et 86 exemplaires le 27/02/98 à Tifounasine). Un maximum d'effectifs à été noté à Aguelmam Afennourir avec 360 individus le 16/01/98 (Figure 54).

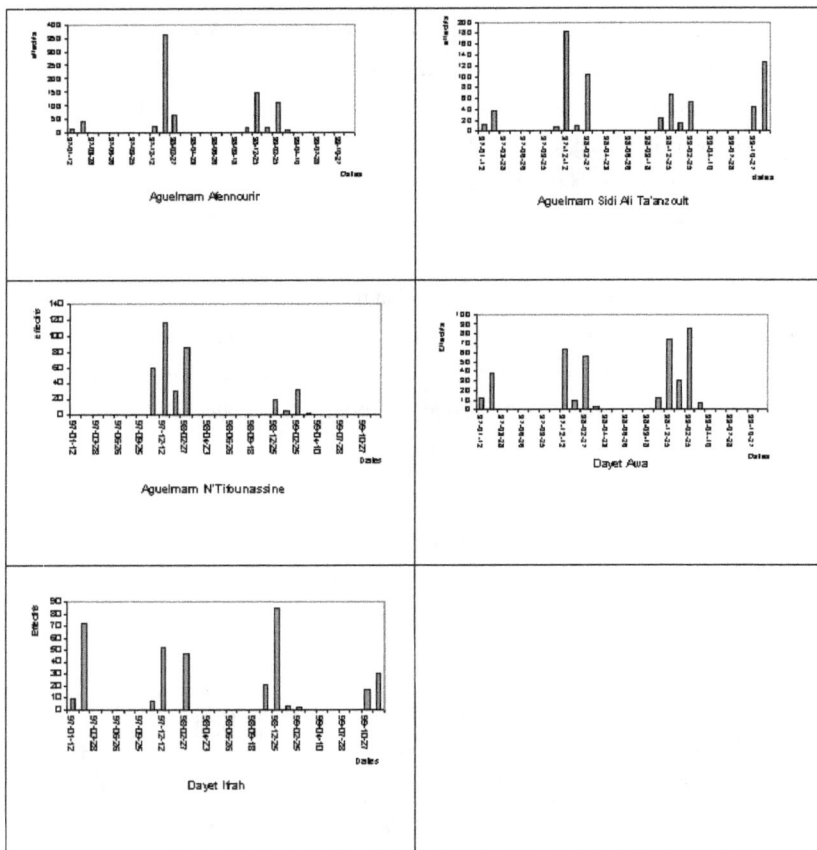

Figure 55 : Evolution des effectifs de la Sarcelle d'hiver au niveau des lacs du Moyen Atlas

Pour les autres lacs (Sidi Ali, Tifounassine, Awa et Ifrah), les plus fortes concentrations de l'espèce se situent durant les mois de décembre et février (183 individus le 12/12/97 à Sidi Ali, 118 individus le 12/12/97 à Tifounassine, 86 exemplaires le 25/02/99 à Dayet Awa et 85 individus le 25/12/98 à Dayet Ifrah). Dès la fin de février, les Sarcelles commencent à quitter les lacs, aucun individu ne subsiste plus sur les sites à partir de la deuxième semaine de mars.

La phénologie de la Sarcelle d'hiver sur les lacs du moyen Atlas est caractérisée par des variations très importantes de ses effectifs, essentiellement marquées par des pics de passage au cours des deux migrations post et prénuptiales. Ces maxima correspondent à une partie des populations hivernant dans les pays subsahariens (Niger et Tchad essentiellement) et qui utiliseraient les zones humides marocaines comme lieu d'escale (El Agbani 1997).

Les lacs qui jouent un rôle très important dans la phénologie de cette espèce sont les lacs Afennourir, Sidi Ali, Tifounassine, Awa et Ifrah (Figure 55).

A.3.5 Canard colvert *Anas platyrhynchos*

Le Colvert présente une très large distribution et niche dans tous les pays du Paléarctique occidental (Cramp & Simmons 1977). Ce Canard manifeste une prédilection pour les biotopes à couvert végétal dense, mais on le rencontre sur tous les types de plans d'eau, où parfois il est le seul anatidé visible (cas d'Aguelmam Azegza). A la population autochtone nidificatrice, viennent se joindre des contingent d'hivernants européens (Lapeyre 1983).

Parmi les hivernants qui migrent vers le Maroc, se trouvent des individus en provenance de haute Volga, de Mer Noire et d'Europe centrale (Cramp & Simmons 1977).

Le Colvert peut nicher assez loin des pièces d'eau, dans des milieux assez couverts de végétation. Il évite d'ailleurs les zones humides aux berges nues sans végétation rivulaire (rives rocheuses et sablonneuses).

Le Colvert est qualifié d'omnivore avec un large spectre alimentaire (plantes aquatiques, graines, Insectes, Mollusques, Crustacés, Annélides, Amphibiens, Poissons et même quelquefois de petits Oiseaux et des Mammifères) ce qui lui permet de conquérir un grand nombre de types d'habitats (Cramp et Simmons 1977).

On peut considérer le Colvert comme le premier migrateur sur leurs zones d'hivernage au Moyen Atlas (Figure 56). La phénologie de l'espèce se caractérise par l'arrivée des premiers migrateurs postnuptiaux à partir du mois de septembre, pour atteindre son paroxysme aux mois de décembre et janvier. A Aguelmam Sidi Ali, on a noté 302 exemplaires le 16/01/98 et 358 le 23/12/99; au niveau d'Afennourir on a recensé 780 individus le 12/12/97 et 577 le 16/01/98. A Dayet Awa, 229 individus sont dénombrés le 12/12/97 et un record a été enregistré à Dayet Ifrah le 16/01/98 avec 1050 exemplaires. Des arrivages massifs, ont été signalés à Tifounassine et à Afennourir où 438 et 667 individus ont été respectivement observés le 22/10/97.

Les départs sont perceptibles dès la fin de janvier, mais ils deviennent notables en mars et les derniers migrateurs quittent les sites vers le début du mois d'avril.

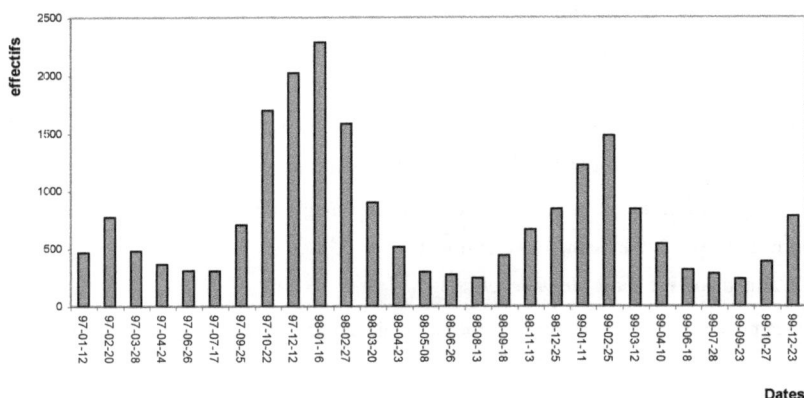

Figure 56 : Evolution des effectifs du Canard colvert Anas platyrhynchos dans l'ensemble des lacs du Moyen Atlas

La présence du Colvert sur les lacs durant la période de reproduction est quasi permanente. Les principales observations de cette espèce en période de reproduction dans les lacs sont :

-Aguelmam Sidi Ali : sur ce lac le colvert est un nicheur potentiel. En moyenne une dizaine de couples sont observables sur le lac durant la période de reproduction,

-Aguelmam Afennourir : ce lac paraît être favorable à la nidification de l'espèce une centaine d'exemplaires souvent en couples sont notés sur le lac. Sur ce plan d'eau le colvert est considéré comme nicheur possible ou probable,

-Dayet Awa : ce plan d'eau est très sollicité par le colvert pendant sa période de reproduction où une trentaine d'individus, souvent en couple, sont notés a partir du mois de mai de chaque année. Deux couples accompagnés de jeunes ont été observés le 26/06/98,

-Aguelmam Azegza : c'est la seule espèce qui continue toujours a nidifié sur ce lac, une vingtaine d'individus suivis de jeunes sont observés à partir de juin de chaque année,

-Dayet Ifrah, nous avons signalé un cas de reproduction a été signalé (adultes suivis de jeunes le 26/06/98),

38

-Plan d'eau d'Ifrane : la reproduction a été prouvée par l'observation de plusieurs familles avec des jeunes le 07/06/1992 (Pouteau 1993),

-Aguelmam Tifounassine, l'espèce est considérée comme un nicheur potentiel dans la mesure où une dizaine de couples sont régulièrement observés pendant la période de nidification,

-Aguelmam Wiwane, le Colvert est un nicheur régulier avec une quinzaine de couples souvent notés sur ce site. Des adultes accompagnés de leurs progénitures sont signalés souvent sur le lac à partir du mois de juin,

-Aguelmam Abekhane, le Canard Colvert est considéré comme un nicheur potentiel, nous avons d'ailleurs noté l'omniprésence de plusieurs couples durant la période de reproduction, tout au long de notre étude.

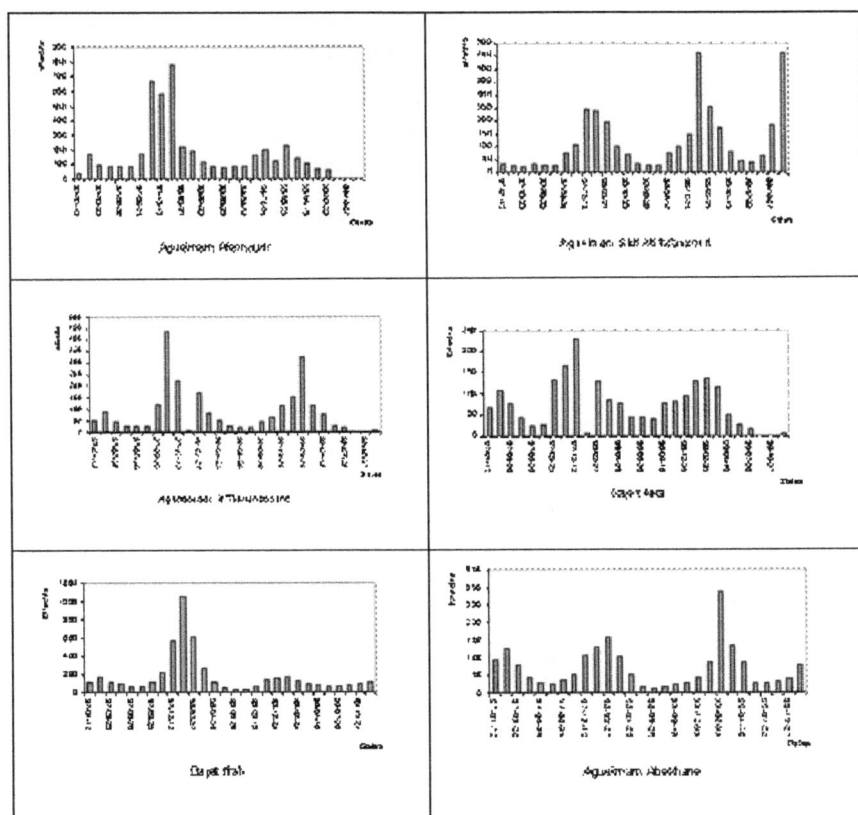

Figure 57 : Evolution des effectifs du Canard colvert au niveau des lacs du Moyen Atlas

Les lacs à large contribution dans la phénologie globale de cette espèce au niveau du Moyen Atlas sont Sidi Ali, Afennourir, Tifounassine, Abekhane, Awa et Ifrah, (Figure 57). Les tracés phénologiques au niveau de ces zones humides corroborent l'histogramme phénologique global de l'espèce au niveau de l'ensemble des lacs

A-3-6 Canard pilet *Anas acuta*

Au Maroc le Canard pilet est considéré comme un hivernant régulier, migrateur de passage et un nicheur occasionnel (Thevenot *et al.* 2003)

L'espècet a pu nicher dans le lac Iriki, avec plusieurs centaines de couples et cela jusqu'à la fin des années 1960 (Robin 1968).

Les contingents hivernants arrivent au Maroc probablement en partie de l'Europe orientale, du nord-ouest de la Sibérie et de la région de la Mer Baltique. En fait, cette population migre principalement vers le sud-ouest, aux Pays-Bas et vers les îles Britanniques, pouvant alors atteindre le sud-ouest du Portugal et le nord-ouest de l'Afrique. Une autre partie des hivernants au Maroc est issue de la population britannique, qui hiverne principalement dans la Péninsule Ibérique et au Maghreb (Cramp & Simmons 1977).

Le Pilet se nourrit de plantes aquatiques, d'insectes, de vers, de têtards et de petits poissons.

En général, le matériel végétal est utilisé plutôt en automne et en hiver, tandis que le matériel animal l'est au printemps et en été.

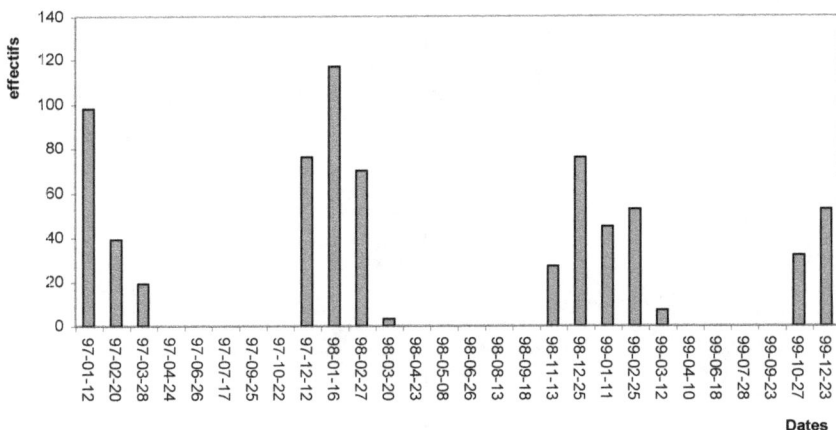

Figure 58 : Evolution des effectifs du Canard pilet Anas acuta dans l'ensemble des lacs du Moyen Atlas

La population qui hiverne au niveau des lacs du Moyen atlas est généralement de faible taille ; les premiers arrivages sont enregistrés vers la deuxième semaine de novembre, pour se stabiliser durant le mois de janvier et février autour de 20 à 120 individus pour l'ensemble des lacs (Figure 58).

Les plus grandes concentrations ont été rapportées d'Aguelmam Afennourir avec 95 exemplaires observés le 16/01/98 et d'Aguelmam Sidi Ali avec 43 exemplaires le 23/12/99.

Les cinq lacs à large contribution dans la phénologie globale de cette espèce au niveau du Moyen Atlas sont : Sidi Ali, Afennourir, Tifounassine, Awa et Ifrah, (Figure 59).

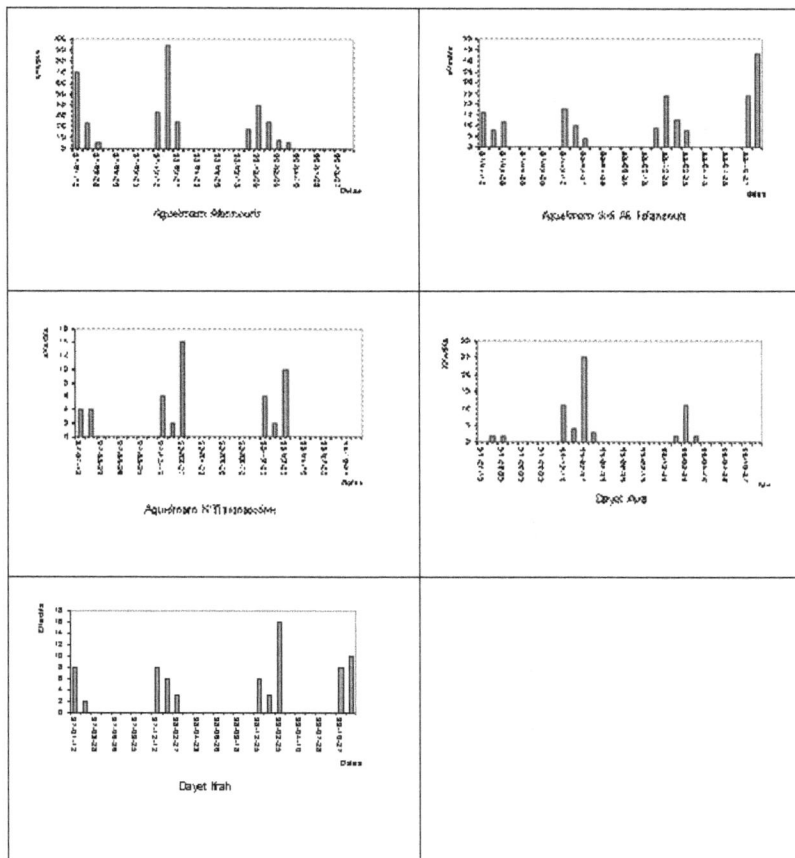

Figure 59 : Evolution des effectifs du Canard pilet au niveau des lacs du Moyen Atlas

A-3-7 Canard souchet *Anas clypeata*

Au Maroc, le Souchet se considère comme hivernant régulier et abondant et un nicheur occasionnel (Thevenot *et a*, 2003).

Le premier cas de nidification de ce canard, sur le territoire national, datait du 31/05/71 à Aguelmam Afourgagh où une femelle avec 5 canetons a été observée par Fancis Fornairon.

Depuis, plusieurs cas de nidification ont eu lieu dans différentes régions du pays : juin 1992 à la Merja de Sidi Bou Ghaba (Pouteau 1993).

Les contingents de souchets hivernant au Maroc sont rattachés à ceux de la région Mer Noire/Méditerranée/Afrique de l'ouest. Les reprises de Souchet opérées au Maroc proviennent d'individus bagués en Fédération de Russie, Lettonie, Estonie, Danemark, Pays Bas, Angleterre, Belgique, France et Espagne (El Agbani 1997).

L'espèce préfère les zones humides peu profondes et riches en végétation aquatique.

Le régime alimentaire du Souchet est de type omnivore. Grâce à la forme de son bec, long et aplati à son extrémité, le Souchet est l'espèce du genre Anas la mieux adaptée à la filtration de l'eau. Il s'alimente électivement de petits Crustacés, de Mollusques, de larves d'Insectes et de débris végétaux (Cramp & Simmons 1977). Le Canard souchet est considéré comme le canard qui procède à la migration post-nuptiale la plus précoce (traversée de l'Europe en septembre-octobre).

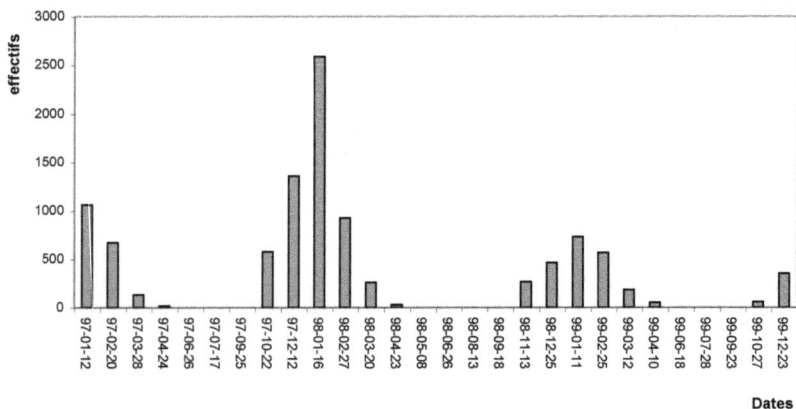

Figure 60 : Evolution des effectifs du Canard souchet Anas clypeata dans l'ensemble des lacs du Moyen Atlas

Au niveau des lacs du Moyen Atlas, les premiers hivernants apparaissent dès la troisième semaine d'octobre puis les arrivages se succèdent de façon très progressive (Figure 60). Les Canards venant du nord suivent probablement la côte atlantique et ses zones humides, puis essaiment vers les lacs du Moyen Atlas.

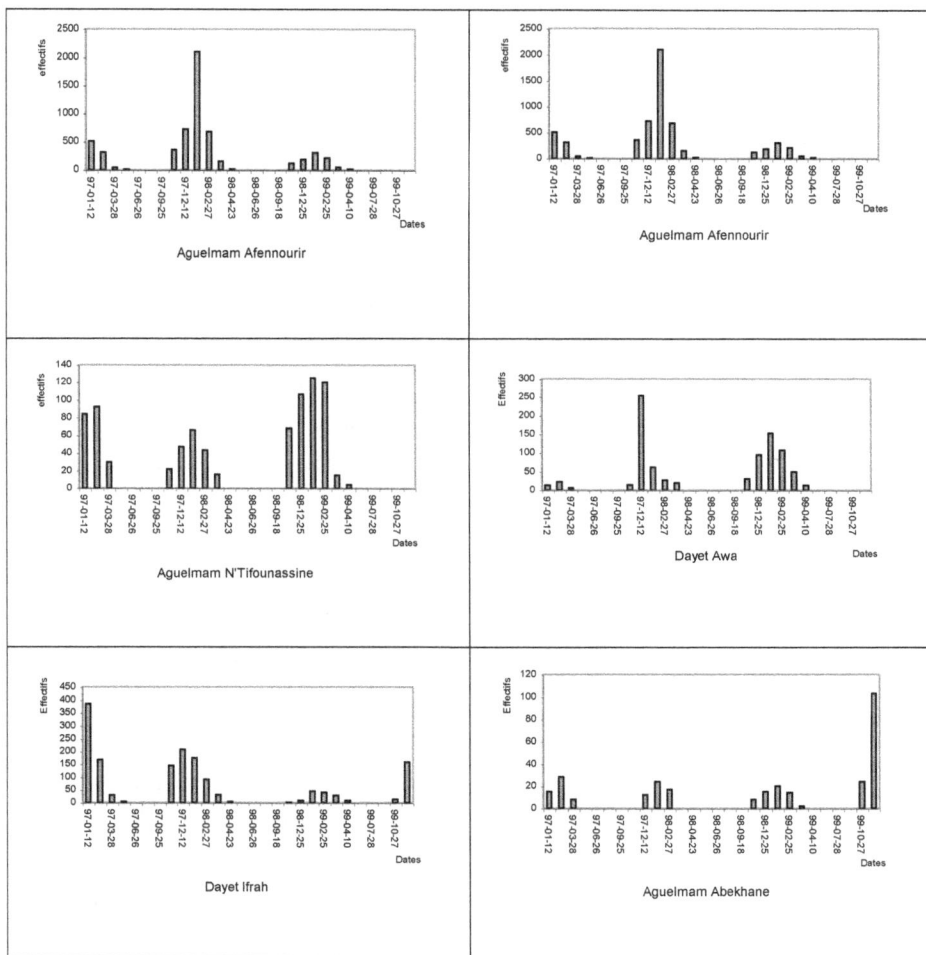

Figure 61 : Evolution des effectifs du Canard souchet au niveau des lacs du Moyen Atlas

La plupart des maxima ont été notés en janvier (386 exemplaires à Dayet Ifrah le 12/0197, Sidi Ali avec 142 individus, Afennourir avec 2100 individus le 16/01/98, 125 individus observés le 11/01/99 à Tifounassine)

Les premiers départs qui dépassent parfois les 60% de l'effectif des hivernants sont notés fin février. Durant notre étude nous n'avons pu noter aucune observation estivale de l'espèce. La totalité de la population du Souchet quitte le site avant fin avril.

Les six lacs qui ont contribué dans la phénologie globale de cette espèce sont : Sidi Ali, Afennourir, Tifounassine, Abekhane, Awa et Ifrah, (Figure 61).

Les tracés phénologiques au niveau de ces zones humides corroborent l'histogramme de l'évolution globale de l'espèce au niveau de l'ensemble des lacs.

A-3-8 Sarcelle marbrée *Marmaronetta angustirostris*

Au Maroc, le statut de la Sarcelle marbrée se définit comme un résident local, un hivernant rare à localement commun et un migrateur de passage (Thevenot *et al.* 2003).

Suite aux fortes réductions de ses effectifs partout dans son aire de répartition, cette espèce est classée comme vulnérable (Green, 1993). Son nom est inscrit, en tant qu'espèce globalement menacée, sur la liste rouge des espèces globalement menacées établie par L'UICN (Collar *et al.* 1994).

Outre son importance pour la reproduction de l'espèce, le Maroc accueille régulièrement en hiver plus de 75% de la population de la Méditerranée occidentale dont la majorité proviendrait de la population nicheuse espagnole. En effet, toutes les reprises d'oiseaux opérées au Maroc proviennent d'individus bagués aux Marismas de Guadalquivir en Espagne. (El Agbani *et al.* 1996).

Ce canard préfère les zones humides présentant une végétation rivulaire émergente et persistante (Phragmites, Typha...). Il s'alimente en pataugeant à la surface de l'eau et parmi la végétation flottante et émergente ; il consomme des graines, des tubercules et autre matériel végétal, mais aussi des Mollusques et des larves d'Insectes (El Agbani 1997).

Jusqu'à un moment très récent, on croyait que cette espèce a déserté les zones humides du Moyen atlas, notamment, suite aux sévères conditions climatiques que le Maroc a connu au cours des dernières décennies. Ceci s'est traduit par l'assèchement d'un bon nombre de lacs et une forte réduction des étendues d'eau et du couvert végétal dans d'autres milieux connus pour avoir hébergé des sarcelles marbrées il y a de cela quelques années (El Agbani *et al.* 1996).

Les observations récentes de cette espèce, même ponctuelles, au niveau de certains lacs laisse supposer une nouvelle colonisation et un regain d'intérêt des zones humides du Moyen Atlas pour cet Anatidé.

Les recensements hivernaux de ce canard sont rares et dispersés (5 et 6 individus ont été observés à Afennourir respectivement le 16/01/98 et le 11/01/99) ce qui rend très difficile d'établir l'interprétation de la phénologie de cette espèce au niveau des lacs du Moyen Atlas. La présence de cette espèce est enregistrée principalement à l'automne de chaque année (128 individus à Ifrah, 22 exemplaires à Awa et 17 individus à Afennourir le 13/11/98) avec un lien possible avec le mue et la tendance au vagabondage (Figure 62).

Cependant, les effectifs très importants notés au niveau de certains lacs coïncident avec la migration pré-nuptiale (750 exemplaires ont été signalés à Dayet Awa le 07/04/99 (Maire *et al.* 2001-2002), laisse supposer que les lacs du Moyen atlas sont utilisés comme des aires d'escale de ce canard dans des voies de migration Ouest-Est.

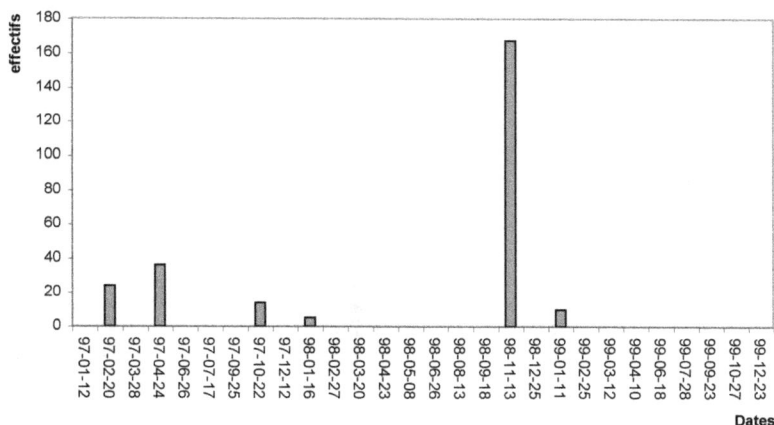

Figure 62 : Evolution des effectifs de la Sarcelle marbrée Marmaronetta angustirostris dans l'ensemble des lac du Moyen Atlas

A-3-9 Fuligule milouin *Aythya ferina*

Au Maroc, le statut de ce canard est défini comme un visiteur d'hiver régulier et un nicheur récent (Thevenot *et al.* 2003).

Ces dernières années, la reproduction de l'espèce au Maroc n'était connue que du lac Sidi Boughaba et du plan d'eau de Dwiyate où 8 nichées avec 35 poussins ont été notées le 29/06/96 (Schollaert & Franchimont 1996).

45

C'est un canard plongeur qui s'alimente préférentiellement de matériel végétal (graines, tiges, rhizomes, feuilles, tubercules de Chara et de Potamogeton). Cependant, le matériel animal n'est pas exclu.

En hivernage les lacs du Moyen Atlas, essentiellement Sidi Ali, Afennourir, Abekhane et Tifounassine hébergent des contingents importants de cette espèce exemple d'Afennourir avec 1450 individus le 16/01/98. Les autres lacs : Awa, Ifrah, Zerrouka, Amghass et Wiwane, paraissent peu propices pour cette espèce, les effectifs des hivernants ne dépassant guère les 100 individus.

Les milouins commencent à arriver sur les lacs à partir du mois d'octobre. Les arrivages continuent jusqu'au mois de janvier. Les maxima sont enregistrés durant la période qui s'étale entre novembre et janvier (206 individus notés à Sidi Ali le 23/12/99, 376 individus recensés à Abekhane le 11/01/98, 700 et 1450 individus recensés à Afennourir respectivement le 12/01/97 et 16/01/98 (Figure 63).

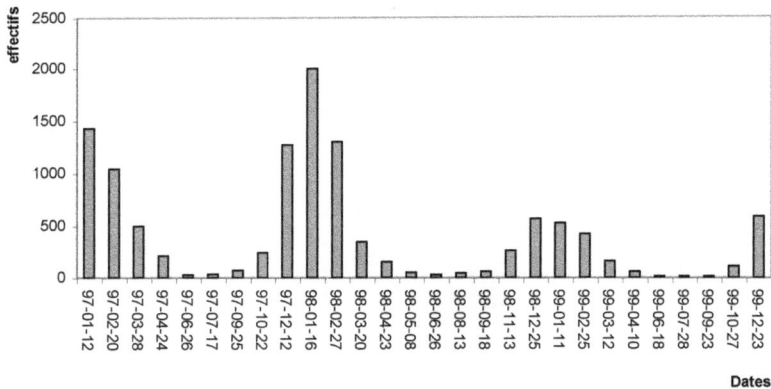

Figure 63 : Evolution des effectifs du Fuligule milouin Aythya ferina dans l'ensemble des lacs du Moyen Atlas

Les départs des contingents de ce canard, commencent à devenir très sensibles à partir du mois de février, les derniers représentants pouvant séjourner jusqu'à la mi-avril.

La population estivante oscille entre 5 et 30 individus suivant les années, elle se concentre essentiellement sur les Aguelmams Afennourir et Abekhane.

Aucun indice de reproduction n'a été noté sur ces sites. Cependant, elle reste probable sur Aguelmams Afennourir et Abekhane où des couples sont notés régulièrement sur ces deux sites.

Quatre lacs contribuent pour une large part à la phénologie globale de cette espèce : Sidi Ali, Afennourir, Tifounassine et Abekhane (Figure 64). Les tracés phénologiques au niveau de ces zones humides corroborent l'histogramme phénologique global de l'espèce au niveau de l'ensemble des lacs.

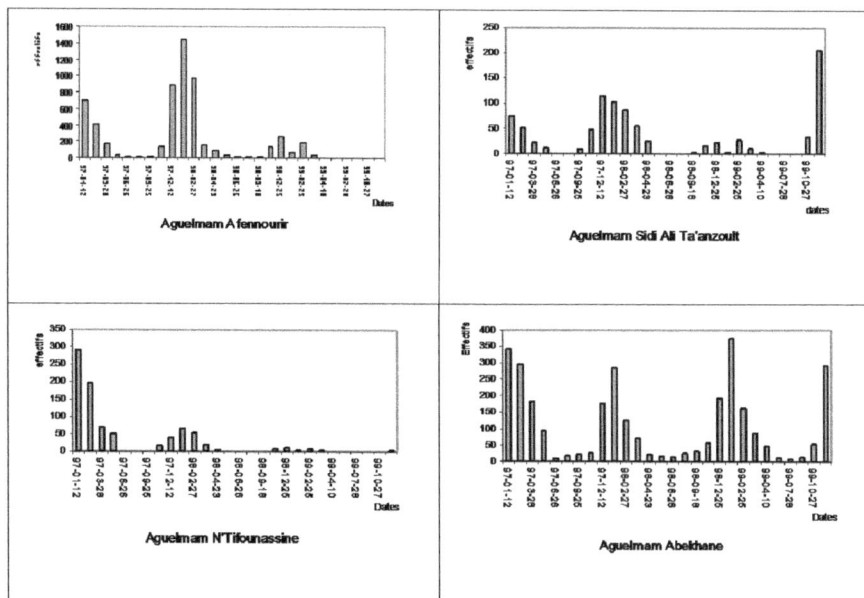

Figure 64 : Evolution des effectifs du Fuligule milouin au niveau des lacs du Moyen Atlas

A-3-10 Fuligule morillon *Aythya fuligula*

Au Maroc, le Fuligule morillon est un hivernant peu commun et un migrateur de passage rare (Thevenot *et al.* 2003).

Les aires de nidification de ce canard sont situés en hautes et moyennes latitudes (45°N-70°N) avec 40.000 couples en Finlande, 10.000 couples en Islande, 5.000 couples en Estonie, 4.000 couples en région Baltique, 3.000 couples en Allemagne et aux Pays-Bas, 2.000 couples en Grande Bretagne, 500 couples au Danemark et une centaine de couples en France (Cramp & Simmons 1977).

Les reprises d'oiseaux bagués opérées au Maroc montrent que les hivernants au Maroc proviendraient principalement d'Islande, des Pays scandinaves, de France, d'Espagne et aussi d'Estonie et de Lettonie (El Agbani 1997).

Le Morillon est un canard plongeur, préférant les pièces d'eau dont les profondeurs varient entre 0,6 et 3 mètres.

C'est une espèce omnivore s'adaptant très facilement au matériel trophique rencontré.

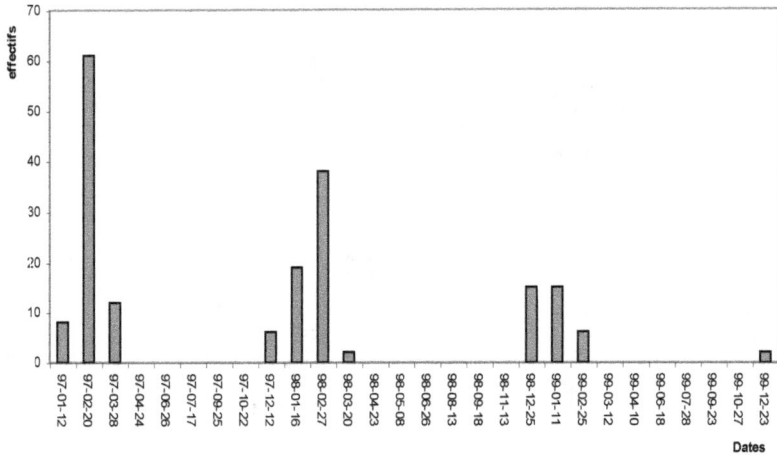

Figure 65 : Evolution des effectifs du Fuligule morillon Aythya fuligula dans l'ensemble des lacs du Moyen Atlas

L'essentiel des informations sur l'hivernage de cette espèce dans les lacs du Moyen Atlas, provient de cinq sites : Afennourir, Zerrouka, Awa, Ifrah et Afourgagh où des petits groupes peuvent être observés avec un maximum de 25 individus à Afennourir et 19 exemplaires à Zerrouka le 20/02/97, 13 individus à Ifrah et 8 exemplaires à Awa le 27/02/98 (Figure 65).

Les caractéristiques de l'hivernage de cette espèce ne sont pas bien claires étant donné, d'une part les faibles effectifs des hivernants et d'autre part l'irrégularité de ses visites.

Cependant, on peut avancer que les premiers hivernants sont notés sur les lacs à partir du mois de décembre. Durant le mois de février des oiseaux en passage pré-nuptiale, sont perceptibles sur les lacs.

Le retour de tous les hivernants est définitif à la fin du mois de mars.

Les quatre lacs qui ont hébergé cette espèce en hivernage sont : Afennourir, Awa, Ifrah et Zerrouka (Figure 66).

48

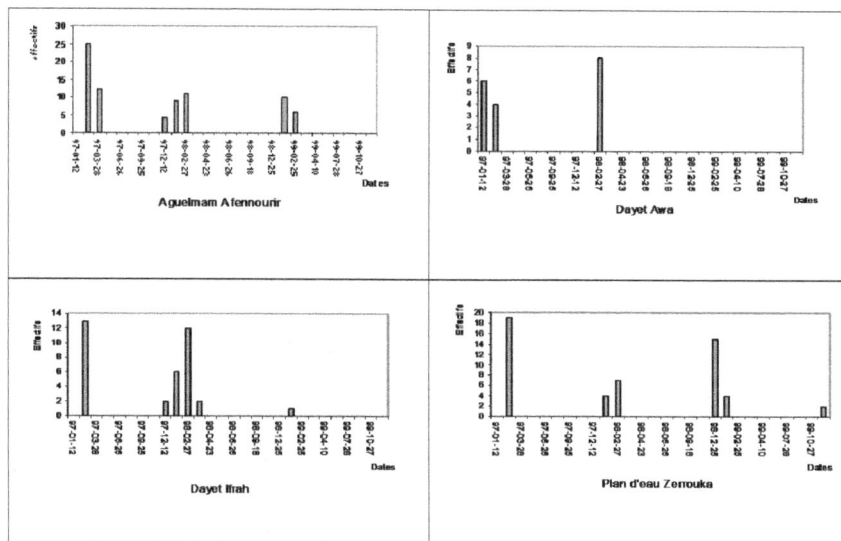

Figure 66 : Evolution des effectifs du Fuligule morillon au niveau des lacs du Moyen Atlas

A 4 Famille des Rallidés

A-4-1 Poule d'eau *Gallinula chloropus*

Au Maroc ce Rallidés est qualifié de résident commun et de visiteur d'hiver régulier (Thevenot *et al.* 2003).

La Poule d'eau hiverne et niche communément sur toutes les zones humides marocaines dont les bords sont garnis de végétation dense susceptible de protéger les jeunes et de faciliter sa dissimulation (Roseaux, Joncs, Typhas et Phragmites).

La nourriture de la Poule d'eau se compose de diverses espèces d'invertébrés aquatiques, de graines et de plantes aquatiques et palustres.

L'espèce a niché sur Dayet Hachlaf et Aguelmam Afourgagh jusqu'en 1981 au moins (Thevenot *et al.* 1981).

Les lacs qui informent le maximum sur la phénologie de cette espèce sont par excellence : Wiwane, Tifounassine, Awa, Zerrouka et Amghass. L'espèce séjourne toute l'année dans les roselières, les typhas et les phragmites, où elle se reproduit (3 adultes suivis de poussins le

49

26/06/98 et 4 jeunes dissimulés dans la roselière le 8/7/99). Au niveau de Tifounassine nous avons noté un cas de reproduction avec un adulte suivi de 2 jeunes le 23/04/98. 2 adultes accompagnés de 4 jeunes ont été notés le 13/11/98. Sur Zerrouka plusieurs cas de reproduction sont enregistrés chaque année exemple de 8 jeunes de l'année cachés sous les plantes ont été notés le 16/01/98 et un groupe de 5 immatures le 18/09/98 (Figure 67).

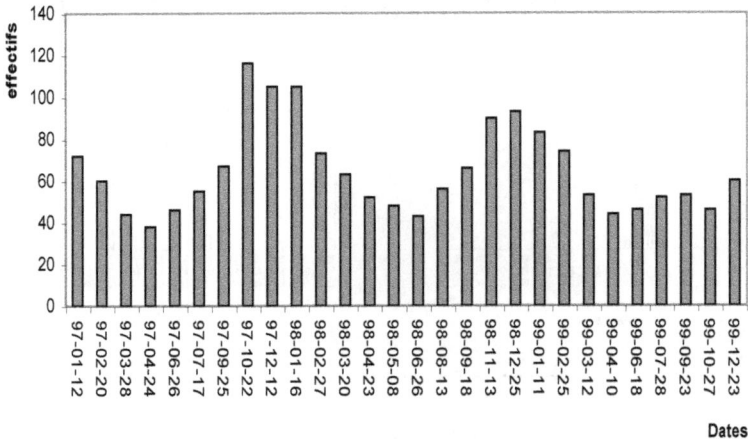

Figure 67 : Evolution des effectifs de la Poule d'eau Gallinula chloropus dans l'ensemble des lacs du Moyen Atlas

De nombreux passages migratoires en automne (septembre) sont notés chaque année et viennent s'ajouter aux populations sédentaires. Les effectifs recensés en période d'hivernage (maxima 53 individus le 16/01/98 à Zerrouka, 24 individus à Wiwane le 11/01/99, 30 individus et 34 individus à Amghass respectivement le 12/01/97 et 16/01/98). Une baise des effectifs est notable à partir de février, elle laisse supposer des départs d'hivernants.

Les quatre lacs à large contribution dans la phénologie globale de cette espèce au niveau des lacs du Moyen Atlas, sont par excellence Aguelmams Afennourir et Tifounassine, Dayet Awa et plan d'eau de Zerrouka (Figure 68).

Les tracés phénologiques au niveau de ces zones humides concordent avec l'histogramme phénologique global de l'espèce au niveau de l'ensemble des lacs.

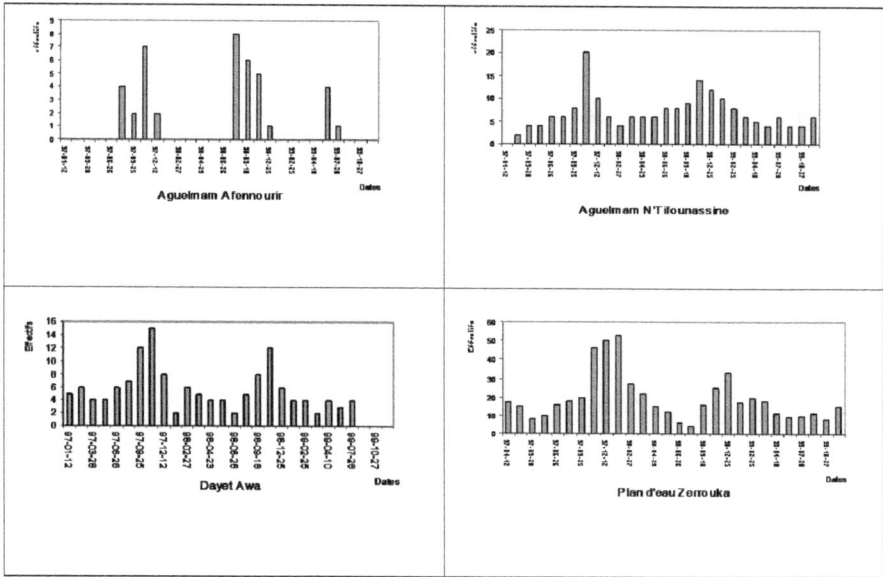

Figure 68 : Evolution des effectifs de la Poule d'eau au niveau des lacs du Moyen Atlas.

A-4-2- Foulque macroule *Fulica atra*

Dans leur ouvrage publié en 2003 The birds of Morocco Thevenot collaborateurs, qualifient cette espèce d'hivernant abondant et de nicheur sédentaire peu commun.

En hivernage, l'espèce est très commune dans la plupart des zones humides du Moyen Atlas. Les deux lacs où l'espèce n'a pas été retrouvée durant notre étude sont Aguelmam Azegza et Tiguelmamine.

Les Foulques marquent une prédilection pour les plans d'eau peu profonds et entourés de bandes de végétation, principalement les lacs : Afennourir, Tifounassine, Zerrouka, Awa et Amghass; cependant, l'espèce peut marquer une présence notable dans d'autres lacs dépourvus de végétation riveraine (Sidi Ali, Abekhane).

Le nid est souvent placé sur un radeau flottant, mais parfois sur une touffe d'herbes entourée d'eau. La ponte a lieu entre fin avril et mai. Nous avons constaté parfois qu'elle est précoce et peut avoir lieu au mois de janvier. Les Foulques développent parfois deux pontes lors de la même année. Cette espèce est observée sur les lacs durant toute l'année, les effectifs les plus faibles (toujours inférieurs à 120 individus) sont enregistrés durant la période de reproduction de l'espèce.

51

Les bandes des premiers migrateurs commencent à arriver sur les lacs dès la fin du mois de septembre; les arrivages continuent à se faire jusqu'en décembre (Figure 69). Les maxima enregistrés en hiver durant notre étude sont 1230 individus à Tifounassine le 12/12/97, 1080 individus à Afennourir le 12/01/97, 1381 individus à Sidi Ali le 16/01/98 et 502 individus à Abekhane le 11/01/99. Notons une baisse des effectifs de cet oiseau au niveau d'Afennourir, Tifounassine et Awa à partir du mois de septembre 1999 et ce suite à la réduction du niveau d'eau dans ces lacs.

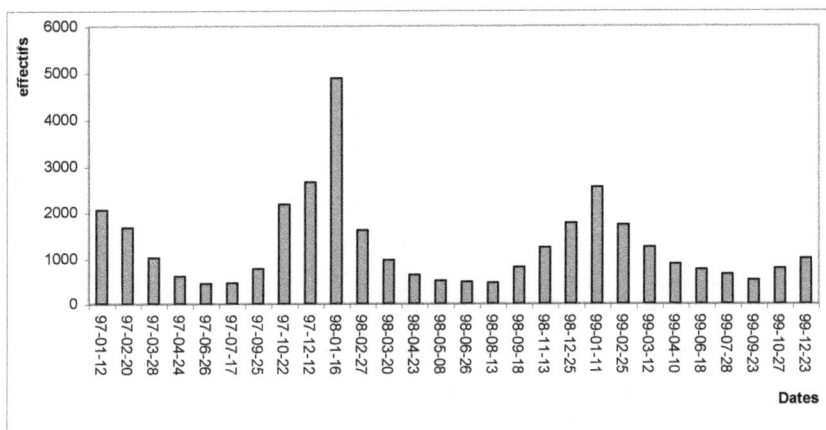

Figure 69 : Evolution des effectifs de la Foulque macroule Fulica atra dans l'ensemble des lacs du Moyen Atlas

Les cas de reproduction de cette espèce sur les lacs du Moyen Atlas sont nombreux nous citons les plus importants :

-Une quarantaine de jeunes regroupés en crèche a été observéé à Dayet Awa le 23/04/98

-7 nids en construction précoce ont été notés à Zerrouka le 13/11/98, 8 jeunes de Foulque macroule sur les bords du lac ont été signalés le 24/04/97.

-Deux adultes accompagnés de leurs jeunes sur Wiwane ont été notés le 10/04/99.

Les lacs à large contribution dans la phénologie globale de cette espèce au niveau des lacs du Moyen Atlas sont: Sidi Ali, Afennourir, Tifounassine, Abekhane, Awa, Ifrah, Zerrouka et Amghass (Figure 70). Les tracés phénologiques au niveau de ces zones humides corroborent l'histogramme phénologique global de l'espèce au niveau de l'ensemble des lacs.

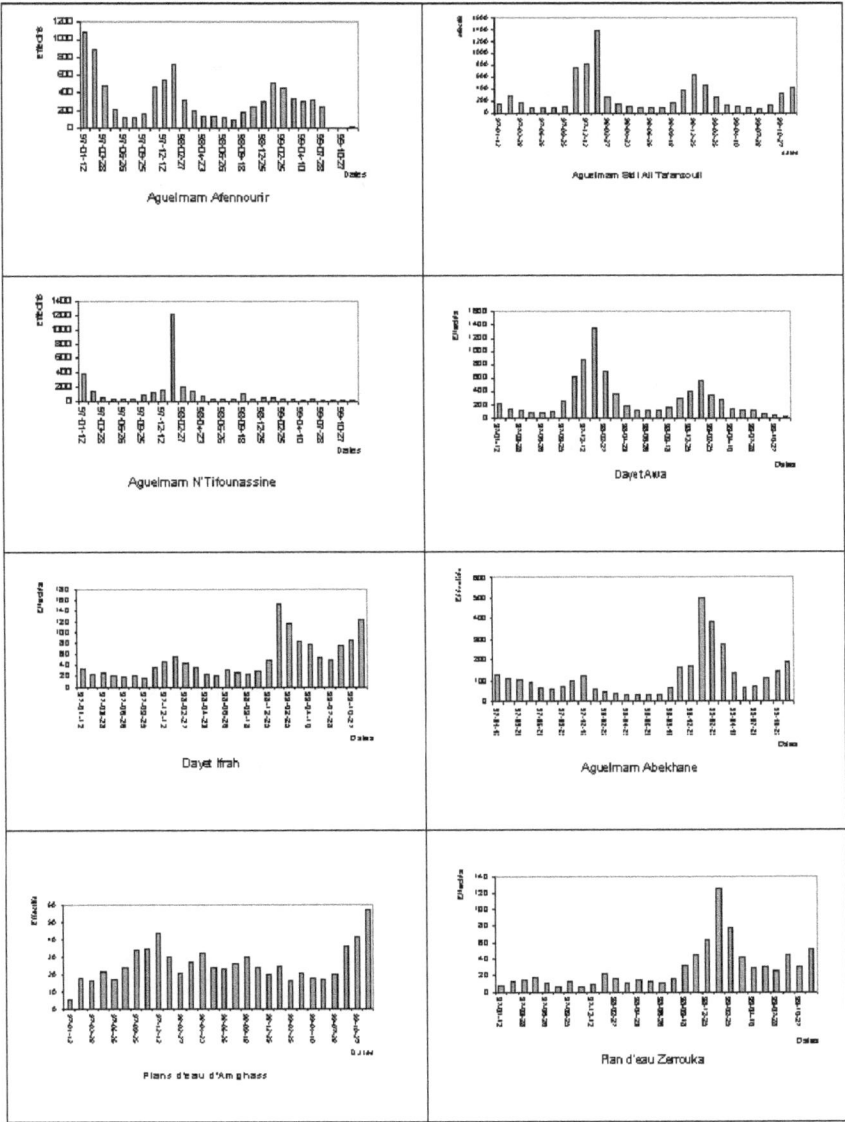

Figure 70 : Evolution des effectifs de la Foulque macroule au niveau des lacs du moyen Atlas.

A-4-3- Foulque caronculée *Fulica cristata*

L'aire de répartition de la Foulque caronculée est actuellement fragmentée en deux entités spatialement isolées, d'une part celle de l'Afrique australe et orientale et d'autre part celle de l'ouest Méditerranéen (Espagne, Portugal, Maroc et Algérie).

Durant le 20éme siècle, la population de l'ouest Méditerranéen a subi un remarquable déclin. A présent, l'espèce a presque disparu de la Péninsule Ibérique, seule région d'Europe du sud, où jadis l'espèce se reproduisait. Ce déclin est à la fois consécutif à la chasse abusive, au dérangement, au braconnage, à la destruction de l'habitat de cette espèce mais aussi à cause de l'isolement de sa population.

La Foulque caronculée, inscrite en tant SPEC catégorie 3*, est considérée comme une espèce en danger d'extinction en Europe, suite aux fortes réductions de ses effectifs (Tucker & Heath 1994). Elle est encore inscrite en annexe I EU's Birds Directive et en annexe II de la Convention de Berne.

Ainsi, cette espèce de Rallidés est considérée comme une espèce menacée d'extinction au niveau régional (IUCN 1994).

La taille de la population ouest Méditerranéenne de cette espèce est peu précise. Les seules estimations, dont on dispose sont :

L'estimation du plan d'action pour la conservation de la Foulque caronculée (Gômez 1999) qui avance le chiffre de 5000 oiseaux en hiver et 5000 à 1000 nicheurs.

L'estimation de Delany & Scott 2002, qui dans leur dernière publication Waterbird population estimates affirment que la population de Foulque caronculée au niveau du Maroc et d'Espagne varie entre 7.000 à 9.000 individus.

Le Maroc héberge la population la plus importante de l'ouest Méditerranéen, elle est considérée comme localement abondante durant toute l'année. La taille de la population inféodée aux zones humides du Moyen Atlas oscille entre 700 et 1700 individus. Elle a été observée, en faible nombre, surtout en période de reproduction où son effectif n'a pas dépassé les 200 individus. L'espèce peu migratrice, mais erratique, peut transhumer pour se reproduire vers les régions côtières et les zones humides de plaine.

Les grandes concentrations, parfois sporadiques, sont notées durant la période estivale (post-reproduction) et début d'automne. les maximas notés durant cette étude sont : 195 individus à Tifounassine le 22/10/97, 107 individus à Zerrouka le 27/10/97,

---

*SPEC category 3 : Not concentrated in Europe and with a favorable Conservation Status

980 individus à Afennourir le 18/06/99, 563 individus à Dayet Awa le 18/06/99 et 174 individus à Sidi Ali le 23/09/99 (Figure 69).

Les effectifs de cette espèce, varient considérablement d'année en année. Sa dynamique est fortement liée à la disponibilité en eau et de la nourriture (Franchimont *et al.* 1994); la réduction du niveau d'eau dans certains lacs (Afennourir et Awa), à partir du mois de juin 1999, a sérieusement réduit ses effectifs.

Les seuls lacs qui n'ont pas hébergé de Foulque caronculée, durant notre étude, sont les Aguelmams Azegza, Tiguelmamnime, Iffer et Abekhane.

Les principaux sites de nidification de cette espèce sont :

-Aguelmam Afennourir : avec un maximum de 32 nids, dont une vingtaine occupés ont été notés au mois de mai 1999. Ce lac offre des conditions très favorables à la nidification de cette espèce; en moyenne, une quarantaine de couples sont souvent observés durant la période de reproduction. Malheureusement le dérangement excessif causé par les nomades (ramassage des œufs, de poussins) porte un grand préjudice à la réussite de la nidification de cette espèce.

-Plan d'eau de Zerrouka : malgré la taille réduite de ce plan d'eau, la Foulque caronculée trouve en lui un site privilégié pour sa nidification: 15 couples et 6 nids, en moyenne, réalisent leur reproduction sur ce site chaque année. Ce lac peut héberger jusqu'a une centaine d'individus et une réussite de la nidification sur plus de 10 nids.

-Dayet Awa : sur ce plan d'eau, l'espèce a nidifié régulièrement sauf lors de l'assèchement du lac en 1995. En moyenne, on note l'installation de sept nids et des dizaines de nicheurs sont omniprésents sur le site. Une crèche d'une quarantaine de jeunes ont été observés le 30/04/2000.

30 nids étaient dénombrés avec des adultes couvant, le 9 mai 98 (Vernon, 2000)

-Aguelmam Sidi Ali : Sur ce lac, une vingtaine de Foulques caronculées est toujours omniprésente. Durant notre étude, aucune preuve de nidification n'a été rapportée de ce site jusqu'à ce jour. La turbulence des eaux profondes qui coïncide avec la période de sa reproduction, l'absence de végétation riveraine et le dérangement humain très fréquent jouent le rôle de facteurs limitant à la nidification de cette espèce sur ce site.

D'autres données qui renseignent sur la nidification de la Foulque caronculée à crête proviennent d'Aguelmam n'Tifounassine où une dizaine de couples nicheurs sont observés sur ce site durant la période de reproduction. En avril 1998 on a noté 140 individus avec 5 nids occupés.

55

Sur Dayet Ifrah, deux couples nicheurs sont régulièrement observés.

Sur les plans d'eau d'Amghass : nicheur possible avec 4 couples observés en avril 1997 et février 1998.

Sur Aguelmam Wiwane, elle est considérée comme nicheuse potentielle, quatre couples sont souvent observés sur le site en période de reproduction.

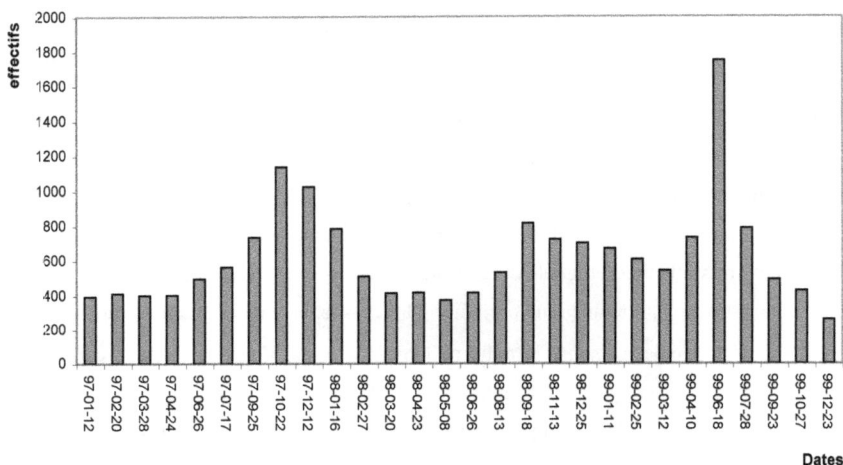

Figure 71 : Evolution des effectifs de la Foulque caronculée Fulica cristata dans l'ensemble des lacs du Moyen Atlas

Huit lacs contribuent pour une bonne part à la phénologie globale de cette espèce : Sidi Ali, Afennourir, Tifounassine, Wiwane, Awa, Ifrah, Zerrouka et Amghass (Figure 72). Les tracés phénologiques au niveau de ces zones humides corroborent l'histogramme qui illustre l'évolution de l'espèce au niveau de l'ensemble des lacs.

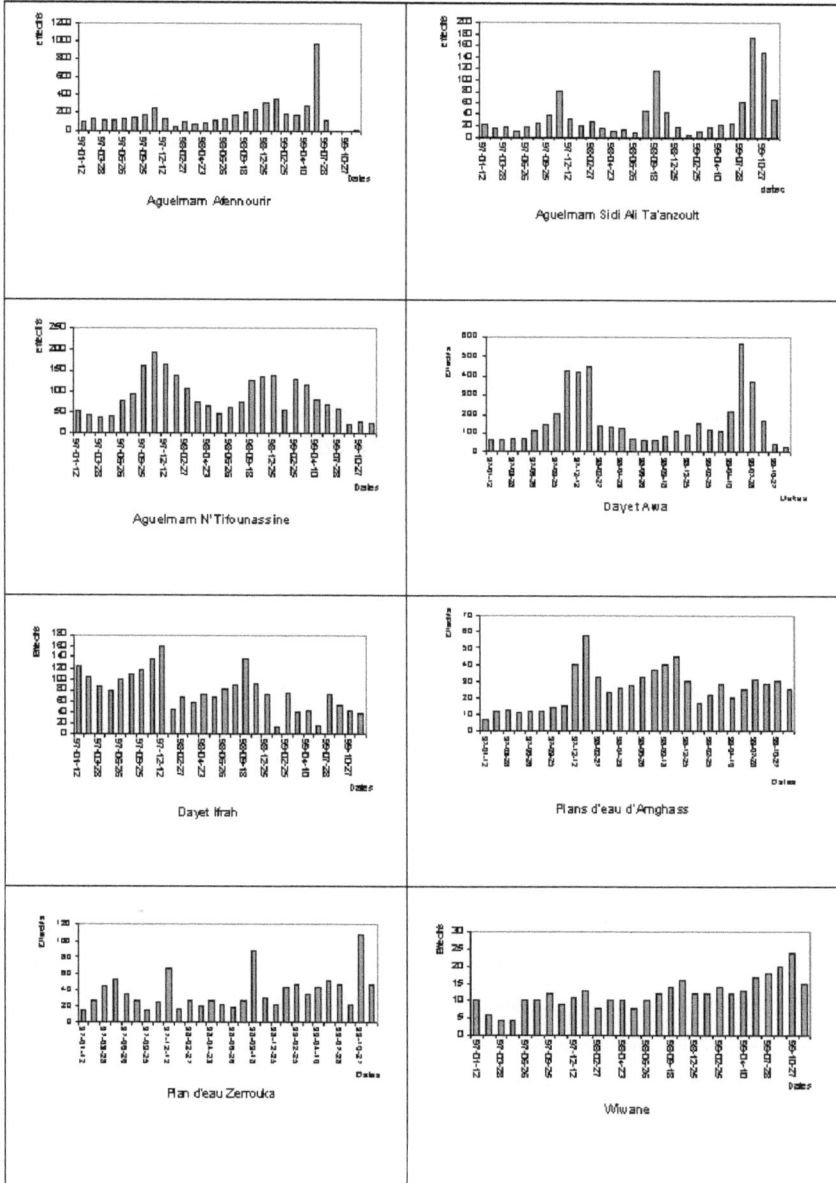

Figure 72 : Evolution des effectifs de la Foulque caronculée au niveau des lacs du
Moyen Atlas

LES LIMICOLES

Lors de leur mission d'étude de l'avifaune aquatique du Maroc en janvier 1964, Blondel, et Blondel (1964), ont constaté le peu d'intérêt que représentent les lacs du Moyen Atlas pour l'hivernage des Limicoles. Leurs berges très abruptes, peu étendues ainsi que la nature de leur sol ne favorise pas l'installation de nombreuses espèces de Limicoles.

Toutefois, certaines espèces de limicoles continuent toujours à hiverner voire à nidifier au niveau de ces zones humides.

A-5-Famille des Recurvirostridés

A-5-1-Echasse blanche, *Himantopus himantopus*

L'aire de répartition de cette espèce est très vaste. Elle niche dans les Amériques, en Eurasie et en Afrique, depuis les zones tempérées jusqu'aux régions tropicales, aussi bien à l'intérieur des terres que sur les côtes (Cramp & Simmons 1983).

Sur le territoire national, l'espèce se reproduit essentiellement dans les schorres des zones humides saumâtres du littoral méditerranéen et atlantique, mais aussi dans quelques zones humides continentales (Valverde 1957, Frété 1959, Heim de Balsac & Mayaud 1962 et Thevenot *et al.* 1988).

Au Maroc, ce limicole est qualifié de résident nicheur commun (une partie de sa population est estivante et l'autre sédentaire hivernant et migrateur de passage (Thevenot *et al.*, 2003). Les contingents d'hivernants sont estimés à 1500 individus, soit 3,75 % de la taille de la population régionale de l'espèce (Qninba 1999).

La présence de cette espèce au niveau de certaines zones humides du Moyen Atlas est habituellement notée durant les passages migratoires et en hivernage, bien que de petits groupes peuvent estiver. Des cas de reproduction de l'espèce ont été notés au niveau de certains lacs, ce qui laisse supposer que les couples reproducteurs sont sédentaires, au moins en partie comme c'est le cas sur la côte atlantique (El Hamoumi 2000).

Le passage automnal peut être observé dès la fin du mois de juillet, les effectifs les plus élevés étant relevés en octobre novembre avec des maxima de 16 oiseaux à Sidi Ali le 27/10/99, 62 individus à Afennourir le 28/7/99 et 28 oiseaux observés à Awa le 27/10/99 (Figure 73). Notons que ces maxima coïncident avec une baisse très remarquable du niveau d'eau dans la plupart de ces plans d'eau. Le passage printanier a lieu principalement en mars et se prolonge jusqu'en mai (23 oiseaux le 24/04/97 à Afennourir et de 20 oiseaux le 23/04/90 à Awa.

Les effectifs d'hivernants sont très variables d'année en année, mais atteignent rarement le seuil 100 oiseaux dans l'ensemble des lacs.

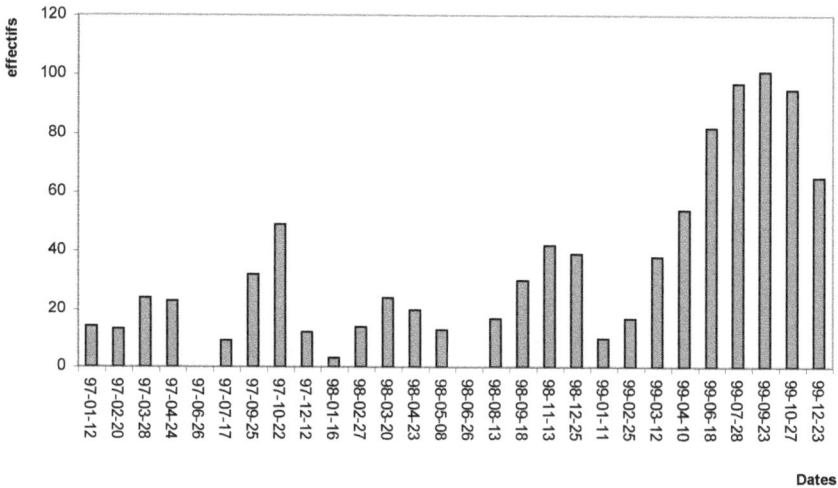

Figure 73 : Evolution des effectifs de l'Echasse blanche Himantopus himantopus dans l'ensemble des lacs du Moyen Atlas

Ce limicole a niché sur les lacs Hachlaf et Afourgagh. Des couples sont régulièrement notés au printemps 1981 (Thevenot *et al.* 1982). L'assèchement de Dayet Hachlaf ainsi que la dégradation de la qualité écologique d'Aguelmam Afourgagh (coupe de végétaux, pompage d'eau et assèchement des prairies humides) ont eu un effet néfaste sur la nidification de plusieurs espèces d'oiseaux sur ce site.

Pour se reproduire, cet oiseau a des exigences écologiques précises, à savoir un environnement aquatique de faible profondeur avec des étendues découvertes à végétation courte ou clairsemée, riche en invertébrés (Stastny 1986). Ces conditions ont été vérifiées au niveau des lacs : Aguelmam Afennourir, Dayet Awa et Aguelmam Tifounassine durant la période juin à novembre 1999. C'est d'ailleurs les seuls sites où la reproduction de cette espèce a été prouvée.

-Aguelmam Afennourir : Ces dernières années, nous avons souvent observé cette espèce sur les marécages et les berges de ce lac. Les preuves de sa nidification sont : 44 Echasses le 18/06/99 avec 6 nids occupés, un comportement territorial manifeste a été noté chez ces échasses, très agitées par la présence des Buses féroces.

-Dayet Awa : Ce limicole fréquente souvent ce plan d'eau. Parmi les observations qui confirment sa reproduction sur ce site, au moins 7 couples ont été observés durant sa période de reproduction 1999.

-Aguelmam Tifounassine : Les échasses sont régulièrement notées, en petit nombre, de mai à décembre. L'espèce a niché en mai 1999 dans les typhas qui entourent le cratère, partie du lac toujours en eau en période estivale. Les oiseaux ont manifesté un comportement nuptial sans aucune vision directe des œufs et des poussins).

La phénologie de cette espèce sur les principaux sites se rapproche de l'allure de sa phénologie globale (Figure 74).

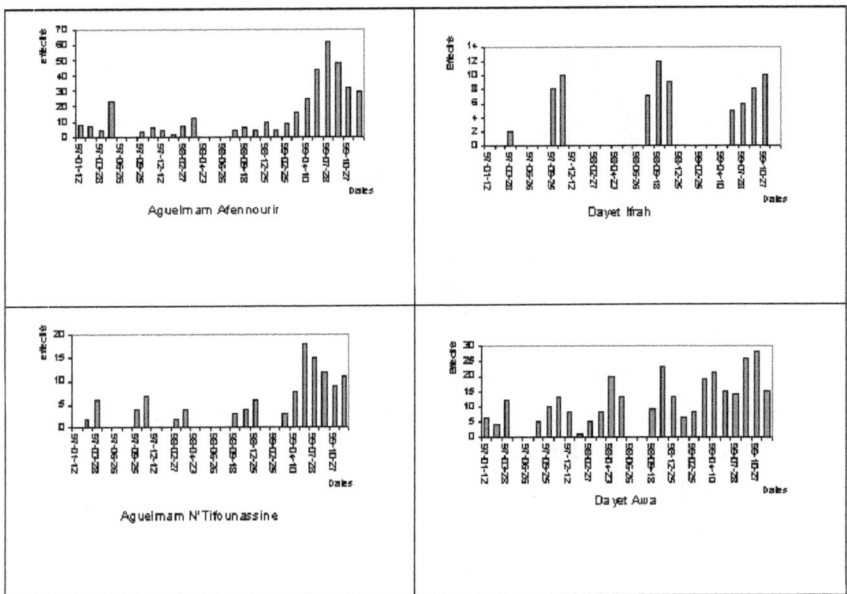

Figure 74 : Evolution des effectifs de l'Echasse blanche au niveau des lacs du moyen Atlas.

A-6-Fammille des Charadriidés

A-6-1- Petit Gravelot, *Charadrius dubius*

Ce Gravelot est qualifié de nicheur commun, migrateur de passage et hivernant régulier (Thevenot *et al.* 2003).

L'espèce niche sur les rives des cours d'eau et rarement, aux bords des lacs d'eau douce, depuis les rivages méditerranéenes jusqu'à l'anti-Atlas (Heim de Balsac & Mayaud, 1962, Beaubrun & Thevenot, 1983, Qninba, 1999).

A priori, les effectifs du Petit Gravelot nous paraissent sous estimés; en effet, les biotopes préférentiels de ce Charadriidé (cours d'eau, petites dayas) ne sont pas prospectés lors de recensements hivernaux tandis que les observations des hivernants sont aléatoires, car elles concernent chaque fois des sites différents.

En hivernage, l'espèce est observée, en faible nombre, sur cinq zones humides du Moyen Atlas à savoir les lacs Sidi Ali, Tifounassine, Awa, Ifrah et Amghass. Elle est régulièrement observée au double passage (pré et postnuptial). Les premiers individus sont notés de mi-septembre à novembre (Figure 75). Les effectifs les plus élevés (15 oiseaux) sont notés lors des retours post-nuptial (mois de mars).

Le seul cas de nidification de cette espèce dans la région du Moyen Atlas a été rapporté des environs des plans d'eau d'Amghass où trois œufs ont été signalés du 30/05/89 au 17/06/89. et un couple à Dayet Awa le 09/07/89 (Mdaghri Alaoui *et al.* 1989).

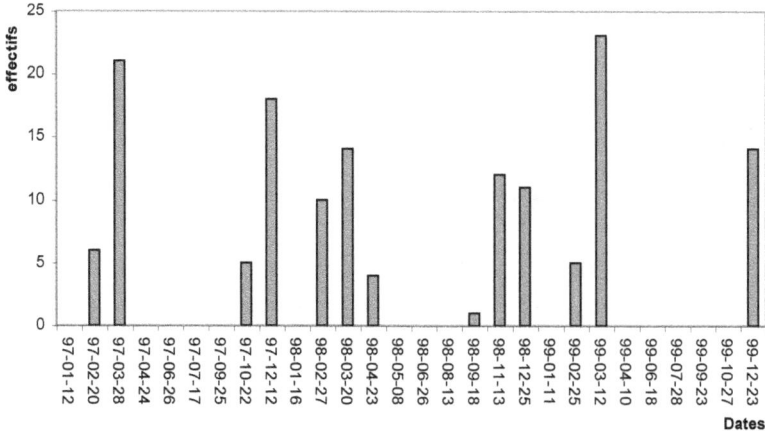

Figure 75 : Evolution des effectifs du Petit gravelot Charadrius dubius dans l'ensemble des lacs du Moyen Atlas

A-6-2-Vanneau huppé *Vanellus vanellus*

La seule région de l'Afrique du Nord où le Vanneau huppé est considéré comme nicheur reste celle du Nord-Ouest marocain (Heim de Balsac & Mayaud 1962); cette région représente la zone de nidification la plus méridionale de l'espèce.

La distribution géographique hivernale du Vanneau huppé se limite aux régions situées au nord du Haut Atlas. L'espèce fréquente aussi bien le littoral marin que les zones intérieures du pays (Qninba 1999).

Cette espèce reste rare au Moyen Atlas bien qu'elle y soit observée de plus en plus régulièrement en faible nombre sur certains lacs (Afennourir, Awa et Ifrah).

Le passage postnuptial débute entre fin septembre et début octobre (2 oiseaux à Afennourir le 23/09/99). Le séjour de cette espèce se prolonge jusqu'au mois de février avec des effectifs de 15 exemplaires le 20/02/97 à Dayet Ifrah, 17 oiseaux notés le 12/12/97 et 30 oiseaux le 11/01/98 à Afennourir, 13 individus le 27/02/98 et 10 individus le 23/12/99 à Dayet Awa.

Les effectifs les plus élevés du Vanneau huppé sont enregistrés lors du passage migratoire prénuptial avec 52 oiseaux à Afennourir le 28/03/97 (Figure 76).

Le départ des individus est définitif à la fin du mois d'avril, sans que des estivants ne soient observés.

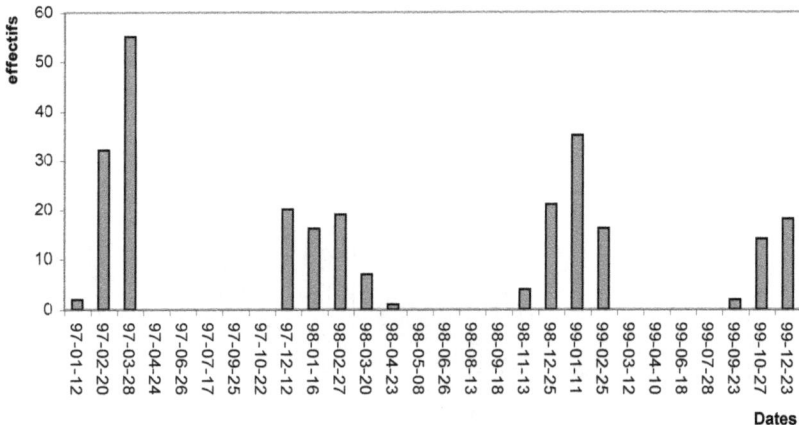

Figure 76 : Evolution des effectifs du Vanneau huppé Vanellus vanellus dans l'ensemble des lacs du Moyen Atlas

A-7-Famille des Scolopacidés

A-7-1-Bécassine des marais *Gallinago gallinago*

En hiver, la Bécassine des marais s'installe dans la région nord-ouest du Maroc. Plusieurs hivernants fréquentent aussi le littoral méditerranéen et quelques plans d'eau moyen-atlasiques (Qninba 1999).

Vu son comportement discret (souvent cachée dans la végétation), son recensement est très difficile et reste fragmentaire. L'effectif réel des hivernants est, par conséquent, beaucoup plus important comme en témoigne le nombre de bécassines tuées chaque année lors de la saison de chasse (plusieurs centaines). Les effectifs recensés régulièrement au Moyen Atlas n'excèdent guère la vingtaine d'individus dans l'ensemble des lacs visités. L'effectif maximal à été enregistré à Zerrouka en janvier 1998 avec 6 oiseaux et à Dayet Awa avec 12 individus le 23/12/99 (Figure 77).

La Bécassine des marais fréquente les lacs peu profonds qui présentent une ceinture de végétation peu développée susceptible de lui servire de refuge. L'espèce est normalement observée en hivernage à partir de décembre, les Bécassines sont observables jusqu'en avril où les derniers spécimens quittent les lacs.

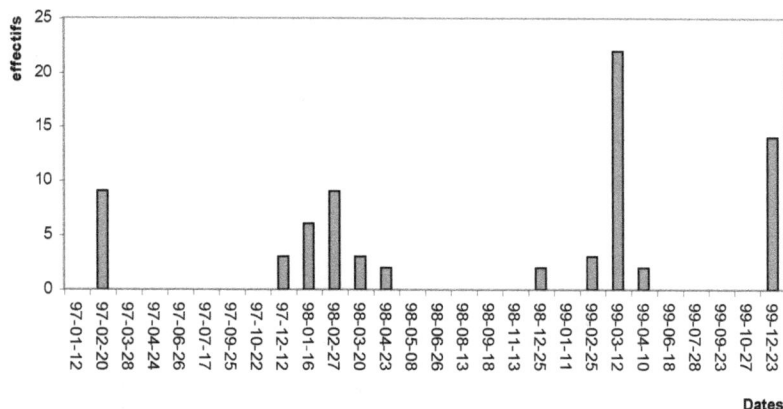

Figure 77 : Evolution des effectifs de la Bécassine des marais Gallinago gallinago dans l'ensemble des lacs du Moyen Atlas

A-7-2-Chevalier gambette *Tringa totanus*

Cette espèce a pu être observée occasionnellement à certaines époques de l'année, mais le plus souvent avec peu d'individus. Les recensements proviennent des lacs Sidi Ali (4 individus le 12/03/99), Afennourir (4 individus le 28/03/97 et 6 individus le 25/12/98), Awa (3 individus le 20/03/98) et Dayet Ifrah (4 individus le 23/12/99) où l'espèce a été observée en hivernage ou lors des passages vers les aires de nidification.

A-7-3- Chevalier aboyeur *Tringa nebularia*

Il a été observé au passage post-nuptial sur Dayet Awa (2 individus), sur Afennourir avec 2 exemplaires et sur Tifounassine (un individu) le 22/10/97.

63

En hivernage l'espèce est faiblement représentée, ne dépassant guère 3 individus. Les observations estivales sont quasi-absentes si on excepte un exemplaire le 5/9/81 à Dayet Awa (Thevenot *et al.*, 1981) et deux exemplaires à Aguelmam Afennourir le 30/08/94 (Thevenot 1995).

A-7-4- Chevalier cul-blanc *Tringa ochropus*

Le chevalier cul-blanc, espèce non grégaire, s'observe souvent à l'intérieur du pays, au bord des zones humides stagnantes ou courantes (Qninba 1999).

C'est le plus commun et le plus régulier des Scolopacidés sur les bords des lacs en hivernage comme en migration post et prénuptiale.

Les premiers individus migrateurs ont été notés à partir de septembre (6 individus à Dayet Awa le 18/09/98).

L'effectif des hivernants oscille autour d'une trentaine d'individus. La migration prénuptiale est surtout notée au mois de mars et les départs se poursuivent jusqu'en avril. Les Observations estivales sont bien plus rares (5 individus à Dayet Awa et 3 individus à Aguelmam n'Tifounassine le 28/07/99 (Figure 78).

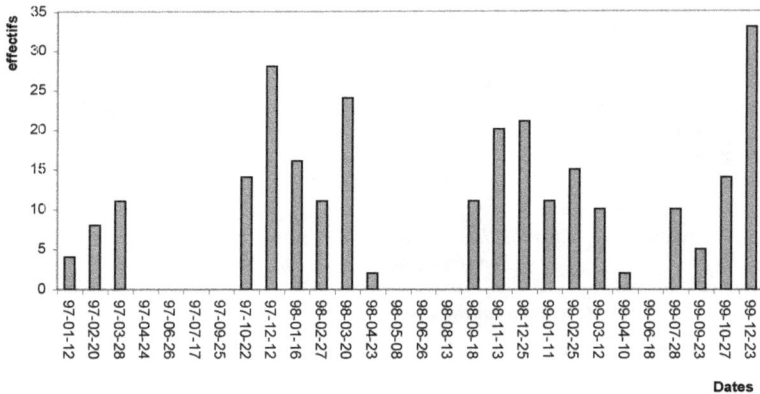

Figure 78 : Evolution des effectifs du chevalier cul-blanc Tringa ochropus dans l'ensemble des lacs du Moyen Atlas

L'espèce à été également observée en période estivale au niveau d'Aguelmam Afennourir, dix individus ont été signalés le 30/08/94.

A-7-5-Chevalier guignette *Actitis hypoleucos*

Le Chevalier guignette se rencontre au Maroc aussi bien sur le littoral atlantique et méditerranéen qu'à l'intérieur du pays (Qninba 1999).

Cette espèce a pu être observée occasionnellement à Afennourir avec un exemplaire le 28/03/97 le 12/12/97 et à Dayet Awa.

A-7-5- Bécasseau variable *Calidris alpina*

La répartition des hivernants se fait essentiellement le long de la côte atlantique, bien que des effectifs substantiels soient relevés, certaines années, sur la côte méditerranéenne ou à l'intérieur du pays (Qninba 1999).

Durant notre étude, l'espèce s'est révélée très rare sur les zones humides moyen-atlasiques. Les deux seules observations de ce Bécasseau ont été faites à Afennourir le 27/02/98 et à Dayet Awa, en migration prénuptiale le 20/03/98.

B) Catégories phénologiques

Le statut de l'avifaune d'une région ou d'un pays donné est en perpétuel changement; de nouvelles espèces peuvent s'installer tandis que d'autres peuvent soit disparaître ou devenir rares ne fréquentant les lieux qu'occasionnellement. L'avifaune du Moyen Atlas, ne fait pas exception à cette règle. Au fil du temps, elle a été sujette à plusieurs changements, d'une part dans sa composition spécifique d'autre part au niveau de la phénologie de ses espèces. A cet effet, notre travail se veut une contribution modeste dans un grand chantier déjà en cours où plusieurs notes et publications, traitant du statut de l'avifaune marocaine, ont vu le jour (Pouteau, 1991a, Franchimont *et al.* 1997, El Agbani 1997, Bergier *et al.* 1999, Bergier *et al*, 2000, El Hamoumi 2000, Qninba 1999, Thévenot *et al.* 2003).

Nous avons regroupé les 27 espèces fréquentant les lacs du Moyen Atlas durant la période "janvier 1997- décembre 1999" en quatre groupes phénologiques en fonction de la similitude de leurs profils temporels. Le statut de la Sarcelle marbrée reste à éclaircir au niveau de cette région; le peu d'informations dont nous disposons nous laisse indécis sur cette question.

1-nicheurs sédentaires : Ce groupe est composé du Tadorne casarca et de la Foulque caronculée. On ne peut pas concevoir de migration transcontinentale pour ces trois espèces car l'ensemble de leurs effectifs demeurent constants au Maroc durant toute l'année ; les déplacements simulent surtout l'aspect d'un nomadisme ou d'un erratisme post-nuptial. La reproduction de ces deux espèces est souvent signalée dans certains lacs du Moyen Atlas.

2-nicheurs sédentaires, hivernants et migrateurs : Dans cette catégorie on retrouve le Grèbe castagneux, le Grèbe huppé, le Grèbe à cou noir, le Fuligule milouin, le Canard colvert, la Foulque macroule, la Poule d'eau et l'Echasse blanche. Ces espèces peuvent être observées tout au long de l'année, des indices indiquant leur reproduction sur les lieux ont été prouvés. L'Echasse blanche est considéré comme le seul Limicole qui peut se reproduire occasionnellement dans les lacs. En hivernage des contingents importants d'hivernants de ces espèces s'ajoutent aux populations locales.

3-migrateurs, hivernants et estivants : A cette catégorie appartient le plus grand nombre d'espèces ; elle se compose de migrateurs; d'hivernants en majorité des Anatidés (Canard siffleur, Sarcelle d'hiver, Canard souchet, Canard chipeau, Sarcelle marbrée et Canard pilet), des Ardeidés et des Limicoles, qui laissent sur les lacs des estivants non nicheurs (Héron cendré, Aigrette garzette, Petit gravelot, Bécassine des marais, Chevalier gambette, Chevalier cul-blanc, Vanneau huppé.

La présence de la Sarcelle marbrée est surtout enregistrée à l'automne de chaque année avec un lien possible avec la migration sarmatique. Cependant, les effectifs très importants notés au niveau de certains lacs coïncident avec la migration prénuptiale (750 individus ont été signalés à Dayet Awa le 07/04/99 (Maire *et al.* 2001-2002), laissent supposer que les lacs du Moyen atlas sont utilisés comme des aires d'escale de ce canard dans des voies de migration Ouest↔Est.

4-visiteurs rares : Cette catégorie comporte des espèces peu communes sur les lacs du Moyen Atlas et souvent représentées par des effectifs faibles, c'est le cas de certains hivernants rares comme le Fuligule morillon et les limicoles (Bécasseau variable, Chevalier guignette, Chevalier aboyeur).

Nous ajoutons à cette catégorie d'autres espèces peu communes, non observées durant la présente étude. Elles sont toutes occasionnelles dont les observations sont très ponctuelles.

- Blongios nain *Ixobrychus minutus*

L'unique observation de cette espèce au niveau des lacs du Moyen Atlas nous provient du Lac Afourgagh où l'espèce a probablement nidifié les 14-19 juin 1981 (Thevenot *et al.* 1981).

- Bihoreau gris *Nycticorax nycticorax*

Le seul cas de nidification de cette espèce a été signalé à Afourgagh (8-12 couples avec au moins 10 nids occupés en mai et juin 1981 (Thévenot *et al.* 1981).

Au niveau de Dayet Awa, 4 individus ont été signalés en janvier 1992 (Franchimont *et al.* 1994), un adulte et un immature signalés le 07/06/92 sur le plan d'eau d'Ifrane (Pouteau *et al.* 1992**).**

- Héron pourpré *Ardea purpurea*

La seule preuve de nidification de cette espèce sur des lacs du Moyen Atlas remonte à 1965, où l'espèce a niché à Dayet Afourgagh (Deetjean, 1968). Un séjour de l'espèce a été observé ultérieurement du 03/04/81 au 19/06/81, ce qui laisse supposer que la reproduction a été probable jusqu'à cette date (Thévenot et *al.* 1981)

Des indices de nidifications ont été notés à Dayet Awa et Dayet Hachlaf durant le mois d'avril 1981 et à Aguelmam Afennourir en 1984 (Ministère de l'Agriculture 1995)

Un oiseau pêchant le 18 mai 1997 à Afennourir et un individu à Dayet Hachlaf le 9 octobre 1997 ont été rapportés par El Ghazi *et al.* (1988-1999).

- Ibis falcinelle *Plegadis falcinellus*

Les données sur la présence de cette espèce au niveau des lacs nous proviennent essentiellement d'Afennourir où 3 individus ont été notés en avril 1993 (Schollaert *et al.* 1994) et de Tifounassine avec 4 individus observés le 11 octobre 1997 (El Ghazi *et al.* 1998-99).

-Spatule blanche *Platalea leucorodia*

Espèce le plus souvent notée sur la côte atlantique, les observations de cette espèce sur le territoire moyen-atlasique en hivernage sont : un individu le 18/04/93 à Dayet Awa et 3 autres à Afennourir le 08/04/93 (Schollaert *et al.* 1994).

-Flamant rose *Phoenicopterus roseus*

Les deux occasions où ce phoenicopteridé a été noté sur les zones humides du Moyen Atlas sont les suivantes :

-95 individus sur les bords d'Aguelmam Afennourir le matin du 9/5/96 et 2 spécimens le 23/06/96 au même endroit (El Ghazi & Franchimont 1997).

-8 Flamants roses à Aguelmam Sidi Ali, ont séjourné durant deux jours, sur le petit lac de Sidi Ali le 09/07/2001 et le 10/07/2001.

-Tadorne de Belon *Tadorna tadorna*

Les rares observations de cette espèce sur le territoire moyen-atasique sont : 2 individus à Dayet Awa le 07/02/93 (Schollaert *et al.* 1994) et un oiseau observé à Aguelmam n'Tifounassine en janvier 1997.

- Nette rousse *Netta rufina*

L'espèce a été notée en faible nombre (1à10) sur les lacs, Awa, Azegza, Ifrah, Sidi Ali et Tifounassine (Thévenot *et al.* 2003). A Aguelmam Sidi Ali, 5 oiseaux (3 mâles et 2 femelles) ont été observés le 01/01/96 (El Ghazi & Franchimont 1997). A Aguelmam n'Tifounassine 10 oiseaux sont notés le 11 octobre 1997, l'espèce a été récemment aperçue à Dayet Awa (Schollaert et *al.* 2000).

-Erismature à tête blanche *Oxyura leucocephala*

Les deux dernières observations de l'Erismature à tête blanche sur les lacs du Moyen Atlas, proviennent de Dayet Hachlaf en avril 1965 (Smith 1965). Il paraît que ces lacs par la diversité de leurs habitats, ont offert de bonnes conditions de nidification de ce Canard dans le temps. Les récentes observations de cette espèce nouvellement réinstallée dans le lac Douiyet (Bergier *et al.* 2003), non loin des lacs du Moyen Atlas, laisse supposer une possible reconquête de cette espèce des lacs de montagne.

-Balbuzard pêcheur *Pandion haliaetus*

Un couple se serait reproduit jusqu'en 1991 dans la région des plans d'eau d'Amghass (El Agbani et Dakki 1992). Une autre observation de ce rapace, rare sur les eaux continentales, a été faite à Dayet Ifrah le 23/06/96 ou l'espèce a peut-être niché. Ce Balbuzard a été revu pour la dernière fois à Dayet Awa le 26/06/97 (un spécimen opérant des allers-retours entre la forêt et le lac).

A Dayet Hachlaf, 1 exemplaire est noté le 09/10/97 (El Ghazi *et al.* 1998-99).

Ces observations confirment l'extension des aires de nidification de ce rapace dans les zones humides continentales.

- Grue cendrée *Grus grus*

La seule observation de cette espèce au niveau des lacs du moyen Atlas remonte à 1988 où un seul individu a été noté à Afennourir (Franchimont *et al.* 1994).

-Râle d'eau *Rallus aquaticus*

Espèce rare dans le Moyen Atlas, les seules observations du Râle d'eau en période de reproduction ont été faites à Dayet Hachlaf et Dayet Awa de 1979 à 1982. La reproduction à été prouvée sur l'Oued Guigou près des lacs Tifounassine et Sidi Ali (Ministère de l'Agriculture 1995). D'autres observations ponctuelles, en période de reproduction ont été faites à Dayet Awa où un oiseau a été noté le 18/04/93 et un autre le 11/01/94 (Schollaert *et al.* 1994 et Schollaert & Franchimont 1995).

L'espèce a été observée récemment à Aguelmam Miami, 2 individus le 10 février 2004 avec au moins deux exemplaires, La nidification de cette espèce au niveau de ce site reste à vérifier.

-Grand Gravelot *Charadrius hiaticula*

5 exemplaires à Aguelmam Sidi Ali le 17/05/96 (El Ghazi & Franchimont 1997).

- Bécasseau minute *Calidris minuta*

4 ou 5 exemplaires observés sur les berges d'Afennourir le 16/03/99

- Guifette noire *Chlidonias niger*

Un oiseau observé en pleine saison automnale le 12/10/97 (El Ghazi *et al.* 1998-99).

- Sterne hansel *Gelochelidon nilotica*

La population méditerranéenne est vulnérable, elle ne dépasse probablement pas 6000 couples qui se reproduisent dans les grandes zones humides des pays méditerranéens (Cesilly *et al.* 1995). Sur les lacs moyen-atlasiques, elle a été notée, en petit nombre, de juillet à septembre sur Dayet Awa en juin 1984 et 6 exemplaires de passage le 23/09/2001 à Sidi Ali (Ministère de l'Agriculture 1995).

- Martin pêcheur *Alcedo atthis*

La seule indication de la présence de cette espèce dans les zones humides du Moyen Atlas est celle qui nous provient du plan d'eau de Zerrouka où un exemplaire a été vu le 14/01/96 (El Ghazi & Franchimont 1997).

V. BIOTYPOLOGIE SPATIOTEMPORELLE DE L'AVIFAUNE DES LACS DU MOYEN ATLAS

A- Méthodologie

Les lacs du Moyen Atlas ont toujours joué un rôle non négligeable dans les déplacements des oiseaux empruntant les voies migratoires continentales. De même, ces zones humides sont des lieux de nidification de plusieurs espèces d'oiseaux rares et remarquables sur le territoire national (Le Tadorne casarca, la Foulque caronculée, le Grèbe à cou noir entre autres).

Afin d'étudier la répartition spatiotemporelle des oiseaux dans les lacs du Moyen Atlas (Biotypologie spatiotemporelle), nous avons opté pour l'Analyse factorielle des Correspondances (AFC), dans la mesure où cette méthode nous permet de séparer les différents groupements d'espèces d'oiseau en fonction des stations (lacs) dans lesquels ces espèces se développent et réalisent l'intégralité ou une partie de leur cycle biologique.

Cette analyse a porté sur 27 espèces d'oiseaux, observées dans les sites. La matrice des données analysées est formée de 27 lignes correspondant aux différentes espèces retenues dans cette analyse et des colonnes correspondant aux 13 lacs, lesquels ont été considérés pour chaque mois (110 colonnes) puis pour chaque saison d'observations (50 colonnes) (voir tableaux en annexes).

Soulignons que les mois où aucun oiseau n'a été observé, ont été écartés de l'analyse.

L'élément général "nij" correspond à l'effectif ou la densité de l'espèce "i" dans le lac "j" lors de la saison "k". Ce traitement va positionner dans un espace à n dimensions les unités "lac saison" en fonction de la composition et la densité du peuplement ornithologique. Les espèces seront également distribuées dans ce même espace en fonction de leurs profils d'abondance (densité) dans les différents lacs.

Dans un premier temps nous avons procédé à une analyse synécologique des espèces (campagnes de recensements séparées). Cette analyse préliminaire permet de ressortir les grands types de distribution : qui seront analysés de manière plus fine par une analyse spatio-temporelle (variations saisonnières) définie lors de l'étude de la phénologie, les campagnes sont rassemblées par saison. Seules les deux années 1997 et 1998 ont été retenues dans cette analyse.

Dans le but d'identifier les regroupements des différents lacs et de mettre en exergue les similitudes et les affinités cénotiques entre leurs peuplements aviens, nous avons procédé à

70

une analyse de la biotypologie globale "nij" correspond dans ce cas à la moyenne globale que chaque espèce a enregistré dans un lac donné.

B- Résultats et discussions

B-1 Biotypologie des lacs et des peuplements aviens

L'AFC appliquée aux données du Tableau annexe2 permet d'obtenir une structure biotypologique des lacs du Moyen Atlas, basée sur leurs peuplements d'oiseaux d'eau. La structure biotypologique obtenue pour les espèces, permettra d'identifier des types de répartitions des oiseaux en fonction des lacs et des mois (temps).

Les deux premiers axes ont été retenus dans cette analyse, le premier axe F1 exprime 51,5 % de l'information totale contenue dans la matrice de données, alors que l'axe F2 exprime 14,4%.

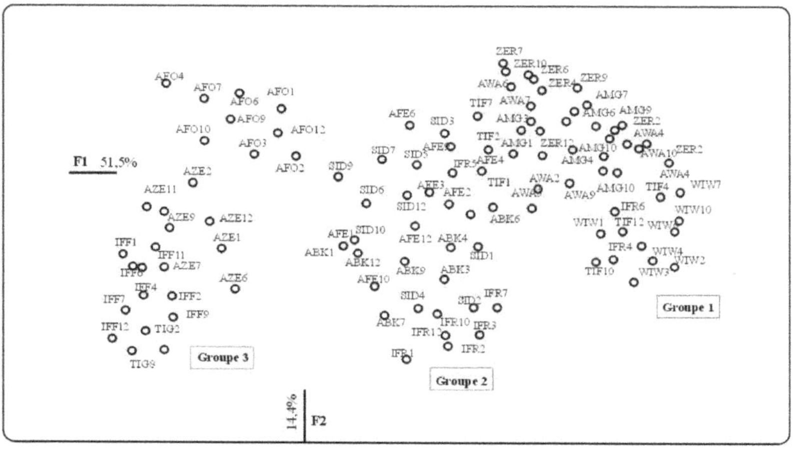

Figure 79 : Biotypologie des lacs du Moyen Atlas distribution des lacs sur le plan F1-F2

La distribution des lacs dans le plan F1-F2 permet l'identification de trois principaux groupements (Figure79)

Groupe 1 : les lacs Awa, Tifounassine, Zerrouka, Amghass et Wiwane.

Groupe 2 : les lacs Sidi Ali, Afennourir, Abekhane et Ifrah.

Groupe 3 : les lacs Afourgagh, Azegza, Tiguelmamine et Iffer.

Cette structure met en évidence une nette variation spatiale dans la composition et la structure des peuplements aviens des lacs. En effet une confrontation entre cette typologie et la distribution des espèces dans le même plan F1-F2 (Figure 80) permet de dégager les éléments suivants :

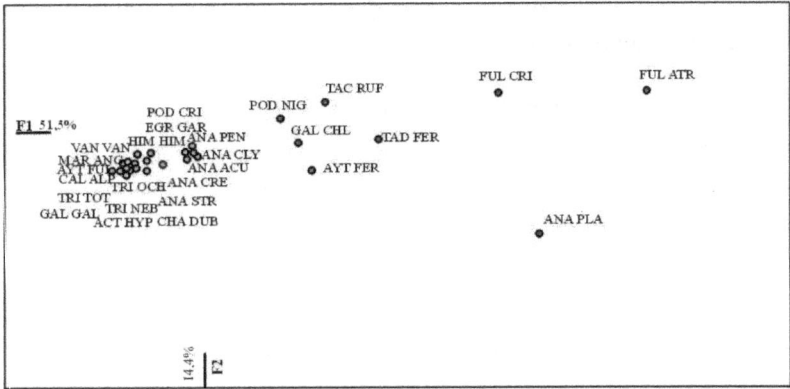

Figure 80 : Biotypologie des lacs du moyen Atlas distribution des espèces sur le plan F1-F2

-**Le groupe 1**, essentiellement représenté par des lacs peu profonds avec une végétation riveraine bien développée (Typhaie, phragmitaie). Ces habitats sont fréquentés principalement par des oiseaux plongeurs (Foulque macroule, Foulque caronculée et Grèbe castagneux). Les Canards de surface, situés au second rang, fréquentent aussi ces types d'écosystèmes. Ils sont essentiellement constitués du Canard colvert, du Canard souchet, du Canard siffleur, du Canard chipeau et de la sarcelle d'hiver qui sont pour la plupart des hivernants réguliers dans ces sites. En raison de leurs zones ripicoles, relativement étendue, ces espaces humides hébergent des contingents non négligeables de limicoles constitués d'Echasse blanche, de Vanneau huppé, de Chevalier cul-blanc et du Petit gravelot.

-**Le Groupe 2** Si on excepte Aguelmam Afennourir, ce groupe est représenté par des lacs profonds avec une végétation hygrophile peu développée.

Le peuplement ornithologique de ces lacs est dominé par le Tadorne casarca et le Canard colvert suivis par la Foulque macroule, la Foulque caronculée, le Fuligule milouin et le Grèbe à cou noir. Ces espèces sont pour la plupart des nicheurs sédentaires auxquels s'ajoutent, durant la saison d'hivernage, d'autres espèces d'Anatidés, présentant une nette préférence pour ce genre d'habitat comme le Canard siffleur, le Canard souchet, le Canard chipeau, le Canard pilet et la Sarcelle d'hiver.

Les Podicipédidés représentées par le Grèbe huppé et le Grèbe castagneux et les Ardeidés (le Héron cendré et l'Aigrette garzette) ne révèlent aucune préférence notable pour un écosystème donné, ils fréquentent à la fois les lacs du premier et du deuxième groupe.

Les rives étendues et la faible profondeur d'Aguelmam Afennourir favorisent d'une part l'hivernage de plusieurs espèces de limicoles (le Vanneau huppé et le Chevalier cul-blanc et le Petit gravelot) et d'autre part la nidification de l'Echasse blanche.

-Le groupe 3 est représenté par les lacs à faible intérêt ornithologique. Le peuplement avien de ces zones humides est peu diversifié, dominé essentiellement par quelques individus de Canard colvert et de Foulque macroule. La situation géographique des deux lacs Tiguelmamine et Iffer, au milieu de dolines creuses et profondes entourées par des forêts denses et des zones ripicoles étroites et abruptes et les effets anthropiques importants que subissent Azegza et Afourgagh sont responsables de leur faible diversité ornithologique.

L'AFC appliquée sur les moyennes globales des espèces d'oiseaux d'eau au niveau des lacs naturels du Moyen Atlas permet de regrouper davantage les lacs, ainsi on retrouve la même structure typologique avec trois groupes de lacs sur le plan F1-F2 (Figure 81)

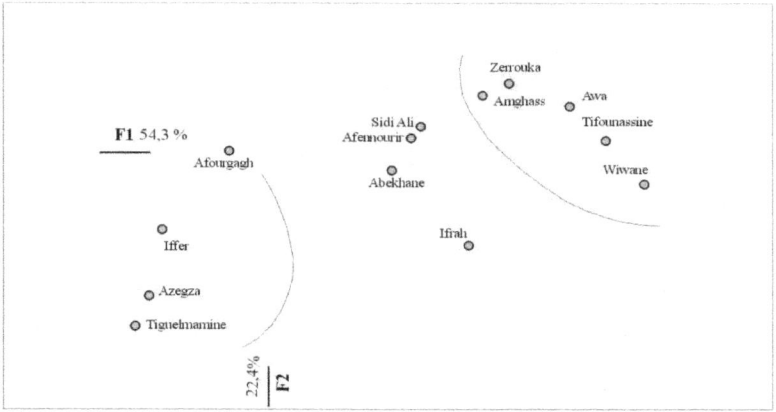

Figure 81 : Biotypologie des lacs du moyen Atlas distribution des espèces sur le plan F1-F2 (moyenne globale)

Afin d'étudier la variabilité spatio-temporelle de la distribution des effectifs du peuplement avien dans les lacs du Moyen Atlas, nous avons entrepris une analyse Biotypologique, en se basant sur la densité de l'ornithofaune, avec la même approche que précédemment.

Le traitement de la matrice ainsi obtenue a donné une organisation des "lacs saisons" et des espèces dans le plan factoriel F1-F2 (Figure 82), lequel totalise un pourcentage d'inertie de l'ordre de 65,1% (F1= 52,3% et F2=15,6 %).

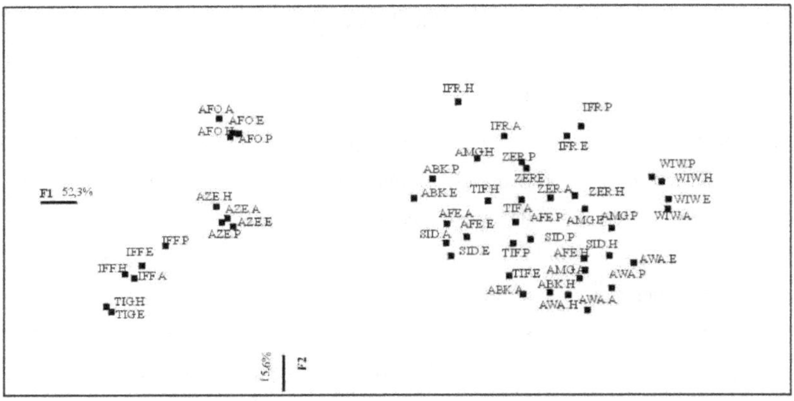

Figure 82 : Distribution des lacs-saisons dans le plan F1-F2 de l'analyse biotypologique

Cette structure met en évidence une nette variation saisonnière dans la composition et la structure des peuplements aviens des différents lacs. Cette variabilité se traduit, au niveau de la structure biotypologique, par un éloignement relatif des composantes "lac-saison" du même lac. Les lacs dont la structure des peuplements aviens ne connaît pas de variations saisonnières notables, se caractérisent par des composantes "lac-saison " voisines. De même les lacs qui ont des structures aviennes similaires au cours de la même saison, se manifestent sur le plan F1-F2 par un rapprochement de leurs composantes "lac-saison".

En effet, le peuplement hivernal et automnal de certains lacs (Sidi Ali, Afennourir, Ifrah, Tifounassine, Abekhane et Amghass) semblent avoir des compositions et des structures comparables qui les différencient des communautés aviennes estivale et printanière.

Les lacs qui ont manifesté une similitude dans la variation saisonnière de leurs peuplements ornithologiques sont Sidi Ali avec Afennourir et Zerrouka avec Amghass. Les quatre composantes "Lac-saison" se situent à des distances très rapprochées pour les lacs Azegza, Afourgagh et Iffer, qui présentent par ailleurs un peuplement avien peu diversifié ne subissant pas de grandes variations saisonnières

Dans le Chapitre qui suit, nous allons étudier les variations saisonnières au niveau de chaque lac et de mettre en exergue les espèces caractéristiques de chaque saison.

C- Conclusion

Cette analyse biotypologique de la faune ornithologique des lacs du Moyen Atlas, a permis l'identification de trois groupements de lacs, lesquels sont caractérisés par un ensemble d'espèces caractéristiques qui trouvent leurs préférendums dans ces sites.

Les structures dégagées de cette analyse ont mis en évidence des variations saisonnières dans la composition des peuplements aviens des différents lacs. Les principaux groupes identifiés sont :

-Un premier groupe de lacs peu profonds et de tailles moyennes dotés d'une végétation riveraine bien développée. Au niveau de ces habitats on note une dominance des Rallidés (Foulques). Les Canards de surface, placés en second rang, connaissent des nettes variations saisonnières aussi bien de leur composition que de leurs abondances; ils abondent surtout en période d'hivernage.

-Un second groupe de lacs profonds avec une végétation hygrophile peu développée. Le peuplement avien est essentiellement dominé Deux espèces d'Anatidés; le Tadorne casarca et le Canard colvert. Les Rallidés représentés par la Foulque macroule et la Foulque caronculée occupent une seconde place dans la composition ornithologique de ces lacs.

-Un troisième groupe de lacs situés dans des cuvettes profondes aux rives immédiates abruptes et couvertes de forêts. Ce groupement se caractérise par une faible diversité ornithologique. Plusieurs explications ont été proposées pour expliquer le peu d'espèces observées sur ces sites ou cette "ornithophobie" de ces sites à savoir la situation géographique et les impacts anthropiques négatifs auxquels sont sujettes ces zones humides.

Cette analyse spatio-temporelle de la répartition des oiseaux, nous a permis d'obtenir des éléments objectifs d'évaluation de l'importance ornithologique de chaque lac, laquelle évaluation devrait être prise en compte lors de l'établissement du plan de gestion d'un site donné.

VI ANALYSE DU DEGRE DE PREFERENCE DES ESPECES

Dans le but d'identifier les espèces caractéristiques de chaque lac et de suivre leurs évolutions en fonction des saisons, nous avons eu recours à la notion de "degré de préférence des espèces", défini selon la formule :

$$d_{iJ} = 1 - S_i / \log_2 J$$

$$\text{avec } S_i = - \Sigma\ n_{ij} + 1 / \Sigma\ (n_{ij} + 1) \times \log_2 (n_{ij} + 1 / \Sigma\ (n_{ij} + 1))$$

où n_{ij} est l'effectif de l'espèce i dont la répartition est étudiée dans un milieu j avec J qui correspond à l'ensemble des sites.

Cet indice initialement conçu, pour étudier le degré de préférence des macroinvertébrés benthiques d'écosystèmes d'eaux courantes (Dakki 1987) est une forme d'équitabilité dérivée de l'indice de Shannon et Weaver (1948), souvent employé pour mesurer la diversité des peuplements (Pielou 1995).

Récemment cet indice a été utilisé, avec beaucoup de succès, dans des études ornithologiques visant la caractérisation des habitats et la microdistribution de l'avifaune des zones humides marocaines (El Agbani 1997, Benhoussa 2000 et El Hamoumi 2000).

Pour décrire le peuplement d'oiseaux d'eau dans chaque lac, en nous inspirant des travaux de Dakki (1987), nous avons analysé la structure de ce peuplement sur le diagramme "fréquence-degré de préférence" pour délimiter les différents niveaux de préférence des 27 espèces recensées dans les 13 lacs étudiés (Figure 83)

En raison de la réduction du niveau d'eau voire même de l'assèchement de certains lacs durant l'automne 1999, phénomène qui peut biaiser notre calcul de préférence pour cette saison, nous avons basé notre analyse de l'indice de préférence seulement pour la période janvier 1997- décembre 1998. Les effectifs utilisés pour le calcul de cet indice correspondent aux moyennes saisonnières dégagées pour chaque espèce dans les différents lacs au cours de cette même période.

La représentation des diagrammes saisonniers "fréquence-degré de préférence" permettra de suivre l'évolution saisonnière du peuplement ornithologique dans chaque lac et de déterminer les espèces caractéristiques de ce site.

La structure du nuage de points correspondant aux espèces sur ce graphique doit tenir compte non seulement de la fréquence mais aussi de leurs niveaux de préférence vis-à-vis du milieu étudié. Les valeurs de cet indice sont comprises entre 0 et 1 : les espèces les plus sélectives d'un lac seront situées vers le haut à droite du graphique; elles sont les plus fréquentes parmi celles qui montrent des degrés de préférence élevés. Les espèces sont classées selon le degré de leur attachement au milieu concerné et compte tenu des caractéristiques électives et préférantes le site.

Les espèces qui ne manifestent aucune préférence pour un certain type de milieu (opportunistes, occupant un grand nombre de lacs avec des effectifs peu comparables, ou bien occupant quelques lacs avec de très faibles abondances), posséderont une faible valeur du degré de préférence (situées en bas à gauche du diagramme). Ces espèces sont qualifiées de transgressives, étrangères ou accidentelles, selon leurs préférences décroissantes vis-à-vis du lac étudié.

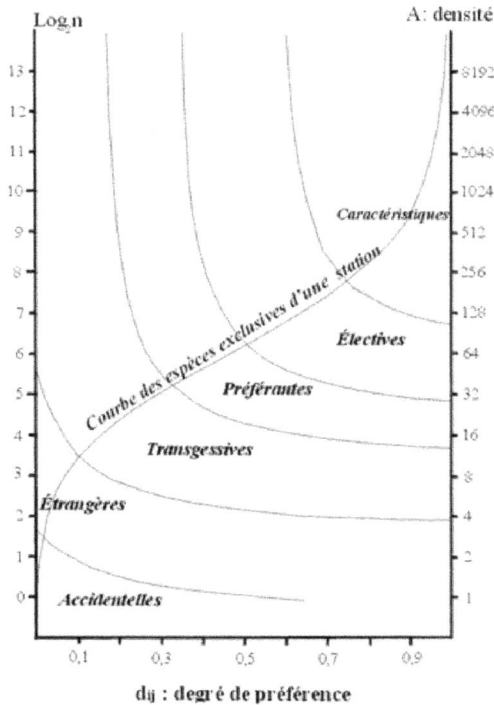

Figure 83 : Diagramme "fréquence-degré de préférence" pour représentation des peuplements (d'après Dakki 1987)

A- Analyse des valeurs ornithologiques des lacs

1-Aguelmam Afennourir

Tableau 15 : Effectifs saisonniers moyens de l'avifaune aquatique d'Aguelmam Afennourir

Espèces	hiver	printemps	été	automne
Tachybaptus ruficollis	37,8	12,7	10,8	20,5
Podiceps cristatus	12,4	7,6	5,8	10,3
Podiceps nigricollis	160,2	133,8	21	39,5
Egretta garzetta	9	26,1	3,8	36,8
Ardea cinerea	3,6	0,9	0	4,8
Tadorna ferruginea	148,6	37,3	172,3	385,3
Anas penelope	194,2	6,8	0	80,8
Anas strepera	119	10,6	0	21,8
Anas crecca	88,6	0	0	4,5
Anas platyrhynchos	314,8	106	81,5	272
Anas acuta	48,6	1,3	0	4,5
Anas clypeata	790,9	39,9	0	119,3
Marmaronetta angustirostris	0,8	9	0	6,3
Aythya fuligula	10,3	3	0	0
Aythya ferina	828	94,3	14,5	79,8
Gallinula chloropus	0,3	0	3	5
Fulica atra	754,2	249,2	111,3	262,8
Fulica cristata	106,3	109,1	147	218,8
Himantopus himantopus	5,9	8,8	1	4,8
Charadrius dubius	2,5	4,8	0	2,8
Vanellus vanellus	8,6	13	0	1
Calidris alpina	0,3	0	0	0
Gallinago gallinago	0,3	0	0	0
Tringa totanus	0,5	1	0	0
Tringa nebularia	0	0,3	0	0,5
Tringa ochropus	0,5	0,5	0	0
Actitis hypoleucos	0,3	0	0	0

Aguelmam Afennourir a hébergé toutes les espèces recensées pour l'ensemble des lacs du Moyen Atlas (27 espèces d'oiseaux)

Ce peuplement est dominé par les Anatidés (10 espèces), les Rallidés (3 espèces) et les Podicipédidés (3 espèces) (Tableau 15).

Ce lac a été bien occupé surtout en hivernage (pour la période de décembre à février).

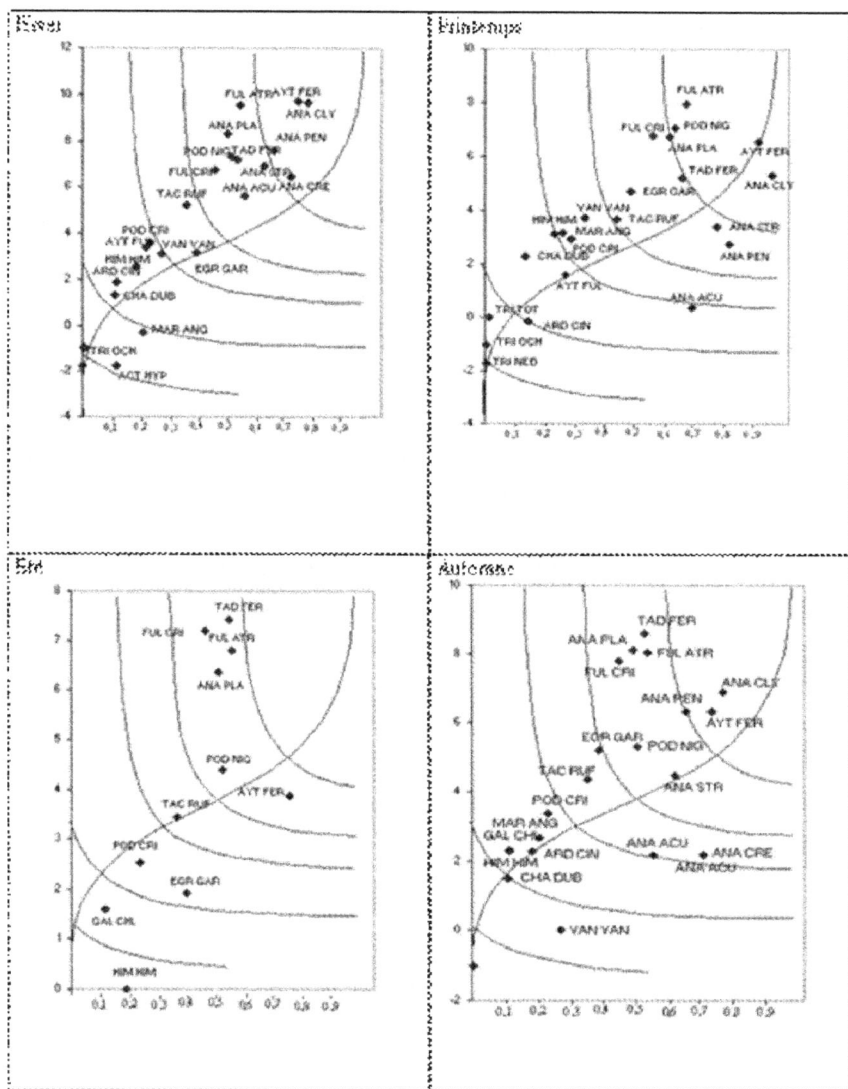

Figure 84 : Représentation graphique du peuplement d'oiseaux d'eau d'Aguelmam Afennourir sur le diagramme "abondance-degré de préférence

L'analyse du diagramme "abondance-degré de préférence" de l'avifaune de cet Aguelmam (Figure 84) permet d'identifier la Foulque macroule, Le Tadorne casarca, la Foulque caronculée et le Canard colvert comme espèces à la fois caractéristiques et électives de ce lac en toutes saisons.

En hiver, plusieurs espèces manifestent une grande préférence pour ce site comme zone de prédilection pour leur hivernage : le Canard souchet, le Canard siffleur, le Fuligule milouin, le Canard chipeau, le Canard pilet et le Grèbe à cou noir. D'autres espèces sont préférantes de ce site soit en hivernage ou lors du grand retour prénuptial : l'Aigrette garzette, le Grèbe castagneux, le Vanneau huppé et le Grèbe huppé.

En été, la diversité de l'avifaune se réduit presque de moitié. Les espèces les plus caractéristiques de ce lac sont par ordre décroissant : le Tadorne casarca, la Foulque caronculée, la Foulque macroule et le Canard colvert. Toutes ces espèces sont des nicheurs abondants en période estivale. Le Grèbe à cou noir est considéré comme une espèce qui préfère ce site, il peut nicher et estiver sur ce lac. Les faibles densités notées lors de cette période estivale sont consécutives au départ de la majorité des oiseaux hivernants.

Les communautés aviennes automnales sont caractérisées par les mêmes espèces d'été. Par ailleurs, il faut signaler que durant cette période des passages migratoires automnaux, d'autres espèces caractéristiques s'installent sur ce site : tel que le Canard souchet, le Canard siffleur et le Fuligule milouin. Parmi les espèces électives d'Afennourir en cette période automnale : on a le Grèbe à cou noir, l'Aigrette garzette, le Canard chipeau, le Grèbe huppé, la Poule d'eau, le Héron cendré et l'Echasse blanche sont considérés comme des espèces transgressives dans ce site.

2- Aguelmam Sidi Ali

Le peuplement avien de ce lac est composé de 19 espèces, la richesse spécifique maximale est obtenue en période d'hivernage et lors de la migration automnale (18 espèces).

Les Anatidés, avec 8 espèces, représentent le groupe le plus diversifié et le plus régulier sur ce site (Tableau 16).

L'étude des diagrammes "abondance-degré de préférence" des peuplements saisonniers de ce lac (Figure 85), montre que ce dernier est caractérisé par la Foulque macroule, le Tadorne casarca et le Canard colvert durant les quatre saisons de l'année.

C'est en hivernage et lors du grand passage migratoire prénuptial, que le peuplement avien de ce lac peut être caractérisé par 5 espèces électives, la Foulque macroule, le Canard siffleur, le Canard chipeau, le Fuligule milouin et le Grèbe à cou noir.

Tableau 16 : Effectifs saisonniers moyens de l'avifaune d'Aguelmam Sidi Ali

Espèces	Hiver	Printemps	Eté	Automne
Tachybaptus ruficollis	9,1	2,7	0	6,8
Podiceps cristatus	19,3	5,3	2,8	14,8
Podiceps nigricollis	18,4	34,1	0	8,0
Egretta garzetta	11,5	15,5	2,8	9,3
Ardea cinerea	1,6	0,3	0,5	1,8
Tadorna ferruginea	93,1	50,8	194,3	298,3
Anas penelope	144,7	2,3	0	19,0
Anas strepera	138,9	5,6	1,5	11,5
Anas crecca	61,8	0,0	0,0	7,5
Anas platyrhynchos	138,1	47,6	26,5	89,8
Anas acuta	11,3	3,0	0	2,3
Anas clypeata	59,1	11,0	0	10,8
Aythya farina	81,7	22	0	19,5
Fulica atra	521,0	120,1	78,0	347,5
Fulica cristata	22,4	13,7	23,8	70,0
Himantopus himantopus	0	0,0	2,5	4,0
Charadrius dubius	2,0	1,8	0	0,5
Tringa nebularia	0	0,2	0	0
Tringa ochropus	1,5	1,3	0	0,3

Les autres espèces, peu abondantes, sont qualifiées de préférantes pour le Grèbe huppé et l'Aigrette garzette et de transgressives pour le Grèbe castagneux, l'Echasse blanche, le Chevalier cul-blanc, le Héron cendré et le Petit gravelot.

En été, avec le départ des hivernants, les espèces électives de ce site sont : le Tadorne casarca et la Foulque macroule. Notons à cette période de l'année l'apparition massive des foulques caronculées et du Canard colvert qu'on peu considérer comme espèces préférantes ; cette apparition est en relation avec les grands rassemblements post-reproducteurs que les foulques opèrent en période estivale sur certains lacs du Moyen Atlas.

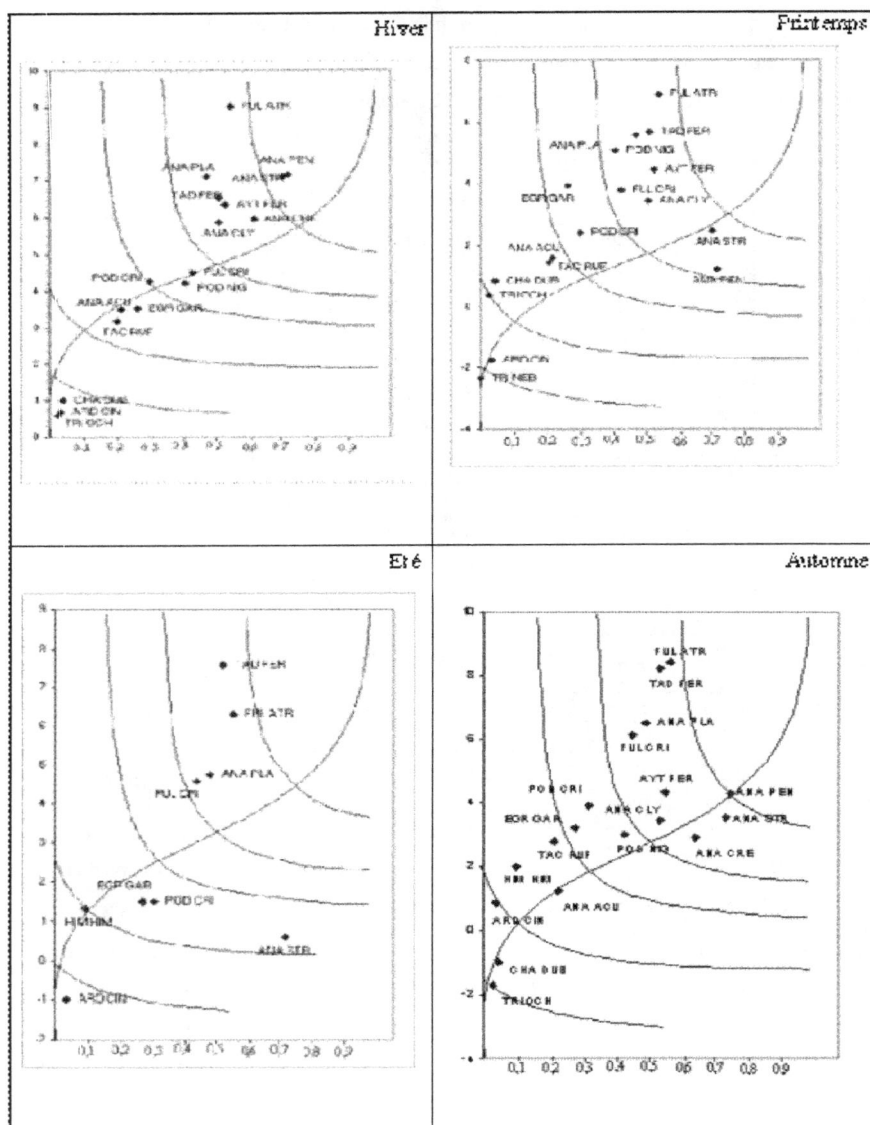

Figure 85 : Représentation graphique du peuplement d'oiseau d'eau d'Aguelmam Sidi Ali sur le diagramme "abondance-degré de préférence"

82

3- Aguelmam n'Tifounassine

Tableau 17 : Effectifs saisonniers moyens de l'avifaune d'Aguelmam n'Tifounassine

Espèces	Hiver	Printemps	Eté	Automne
Tachybaptus ruficollis	15,2	4,8	0,0	5,0
Podiceps cristatus	13,1	3,9	0,0	5,8
Podiceps nigricollis	19,7	58,0	0,0	13,3
Egretta garzetta	2,5	7,9	0,0	5,5
Ardea cinerea	4,0	0,2	0,8	1,3
Tadorna ferruginea	50,7	16,6	40,3	80,5
Anas penelope	10,7	0,0	0,0	3,3
Anas strepera	72,6	3,3	0,0	7,3
Anas crecca	39,2	0,0	0,0	15,0
Anas platyrhynchos	135,0	44,2	24,0	167,0
Anas acuta	5,7	0,0	0,0	0,0
Anas clypeata	70,0	10,2	0,0	22,5
Marmaronetta angustirostris	0,0	0,0	0,0	1,0
Aythya ferina	148,4	34,1	0,0	5,8
Gallinula chloropus	3,8	5,0	7,0	12,8
Fulica atra	403,1	69,6	40,8	94,3
Fulica cristata	92,6	50,9	77,0	155,3
Himantopus himantopus	0,8	2,2	0,0	4,5
Charadrius dubius	1,3	0,0	0,0	0,0
Vanellus vanellus	0,2	0,0	0,0	0,0
Gallinago gallinago	1,7	0,2	0,0	0,0
Trlnga nebularia	0,8	0,0	0,0	0,3
Tringa ochropus	0,9	0,3	0,0	0,0

Le contingent avien qui fréquente ce site est composé de 23 espèces. Ce peuplement est dominé, comme pour les autres lacs, par les Anatidés avec 9 espèces dont au moins 6 sont régulièrement observées au niveau de cette zone humide (Tableau 17).

Aguelmam n'Tifounassine est également fréquenté par les Podicipedidés (3 espèces), les Ardéidés (2 espèces), les Rallidés (3 espèces) et les Limicoles (6 espèces).

La représentation graphique des espèces dans le diagramme "abondance-degré de préférence" (Figure 86) montre que la communauté avienne de ce lac est caractérisée en hiver par le Canard colvert, le Fuligule milouin, la Foulque macroule et le Canard chipeau, espèces considérées comme électives, alors que la Foulque caronculée, le Tadorne casarca, le Canard souchet et le Grèbe à cou noir sont qualifiés comme espèces caractéristiques du site.

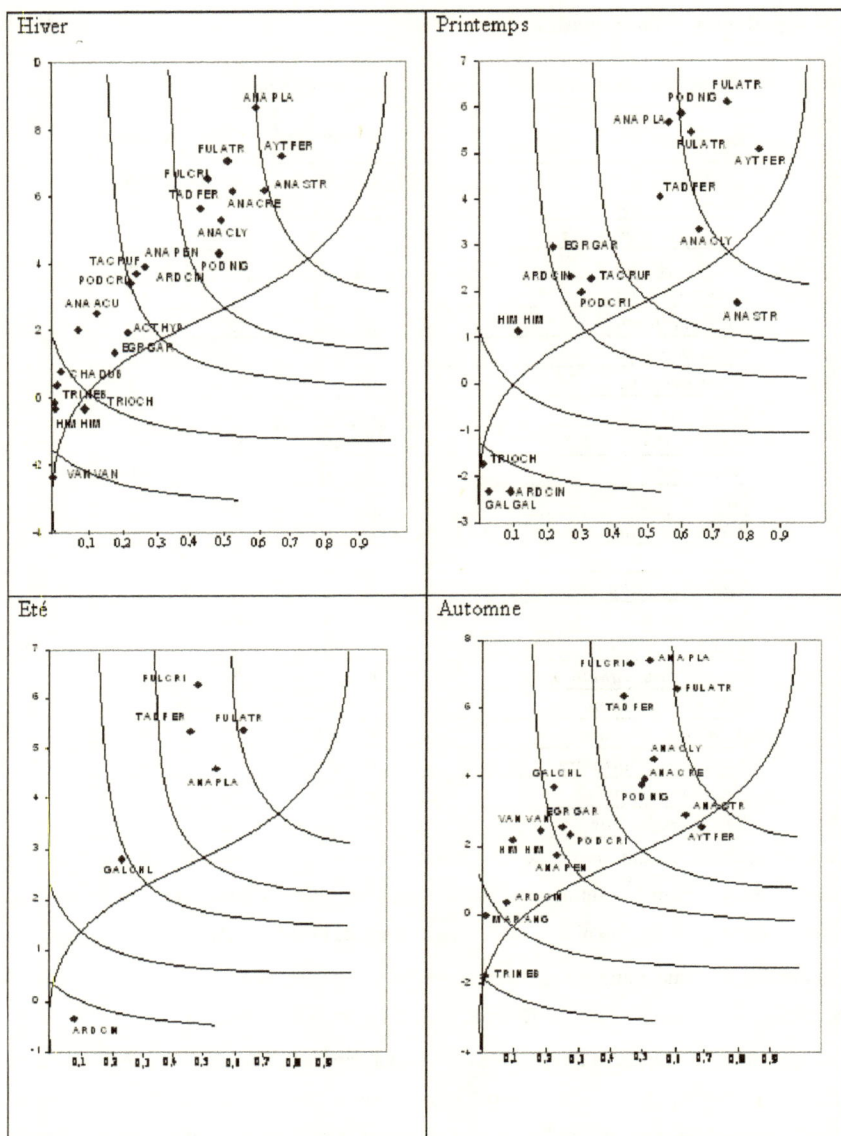

Figure 86 : Représentation graphique du peuplement d'oiseaux d'eau d'Aguelmam
n'Tifounassine sur le diagramme "abondance-degré de préférence"

84

Les autres espèces telles que le Canard siffleur, le Grèbe castagneux et le Grèbe huppé sont considérées comme espèces préférantes.

Au début du printemps, période de départ des hivernants, les espèces électives du site sont par excellence la Foulque macroule, la Foulque caronculée, le Fuligule milouin et le Canard colvert. Les pics de passage marqués par le Grèbe à cou noir, en cette période de l'année, permettent de qualifier cette espèce d'élective. Le Tadorne casarca conserve son statut d'espèce caractéristique.

Le peuplement estival est peu diversifié, il est caractérisé par quatre espèces :
La Foulque caronculée, le Tadorne casarca, la Foulque macroule et le Canard colvert. La Poule d'eau omniprésente dans ce site, avec des effectifs faibles, est qualifiée de transgressive.

La seule espèce, non reproductrice estivante dans ce site est le Héron cendré noté comme espèce accidentelle.

Au début de la migration automnale, ce site est préféré, en plus des espèces sédentaires, par d'autres migratrices telles que le Canard souchet, la Sarcelle d'hiver, le Canard chipeau.

4- Dayet Awa

Le peuplement ornithologique de cette zone humide est très diversifié (Tableau 18), au même titre que celui d'Aguelmam Afennourir, avec 27 espèces réparties entre les Anatidés (10 espèces), les Rallidés (3 espèces), Les Podicipédidés (3 espèces), les Ardéidés

(2 espèces) et les Limicoles (9 espèces).

La distribution de ce peuplement sur le diagramme "abondance-degré de préférence"

a permis d'identifier les Rallidés, représentés par la Foulque macroule et la Foulque caronculée, comme le groupe caractéristique de ce plan d'eau. Ces deux espèces auxquelles s'ajoute le Canard colvert sont qualifiées d'électives dans ce site durant toute l'année (Figure 87).

Durant la période d'hivernage, l'accroissement des effectifs est remarquable avec l'arrivée d'individus hivernants ou migrateurs qui se superposent à la population locale. De ce fait plusieurs espèces vont passer au rang d'espèces électives du site : Canard colvert, Fuligule milouin.

Des pics migratoires du Grèbe à cou noir ont été observés au printemps, ce Podicipédidés est qualifié aussi d'espèce élective durant le printemps.

En dehors de la période estivale, d'autres espèces sont désignées d'espèces préférantes du site: Le Grèbe huppé, le Grèbe castagneux, l'Echasse blanche, la Poule d'eau et l'Aigrette garzette.

Les autres espèces, essentiellement des Limicoles, peu abondantes sont considérées comme transgressives.

Tableau 18 : Effectifs saisonniers moyens de l'avifaune de Dayet Awa

Espèces	hiver	printemps	été	automne
Tachybaptus ruficollis	19,3	8,0	6,8	15,0
Podiceps cristatus	14,0	7,3	5,3	12,5
Podiceps nigricollis	61,5	61,5	8,5	10,3
Egretta garzetta	10,8	32,0	3,3	29,5
Ardea cinerea	3,6	0,9	0,0	3,0
Tadorna ferruginea	1,0	0,5	5,5	1,8
Anas penelope	34,7	2,0	0,0	0,0
Anas strepera	36,3	5,7	0,0	9,5
Anas crecca	34,2	0,5	0,0	3,0
Anas platyrhynchos	103,5	63,7	32,5	114,3
Anas acuta	7,2	1,0	0,0	0,0
Anas clypeata	65,9	4,8	0,0	11,3
Marmaronetta angustirostris	0,0	0,0	0,0	6,0
Aythya fuligula	3,8	0,0	0,0	0,0
Aythya ferina	36,7	20,5	1,0	3,0
Gallinula chloropus	5,4	4,2	5,0	11,8
Fulica atra	577,2	169,9	108,5	336,0
Fulica cristata	199,7	90,8	97,3	206,5
Himantopus himantopus	4,8	9,8	1,3	13,8
Charadrius dubius	0,3	1,5	0,0	0,0
Vanellus vanellus	4,8	0,0	0,0	0,0
Calidris alpina	0,0	0,5	0,0	0,0
Gallinago gallinago	1,6	0,0	0,0	0,0
Tringa totanus	0,5	0,5	0,0	0,0
Tringa nebularia	0,4	0,0	0,0	0,5
Tringa ochropus	3,8	2,3	0,0	2,8
Actitis hypoleucos	0,0	0,3	0,0	0,0

5- Dayet Ifrah

Ce lac a été fréquenté par un peuplement avien diversifié composé de 22 espèces (Tableau 19), dont près de la moitié (10 espèces) est constituée par les Anatidés ; les 12 autres espèces sont partagées entre les Podicipédidés (3 espèces), les Ardéidés (2 espèces), les Rallidés (3 espèces) et les Limicoles (4 espèces).

Tableau 19 : Effectifs saisonniers moyens de l'avifaune de Dayet Ifrah

Espèces	hiver	printemps	été	automne
Tachybaptus ruficollis	10,8	5,8	0,0	3,5
Podiceps cristatus	7,0	3,2	1,8	8,5
Podiceps nigricollis	34,6	16,8	5,5	11,8
Egretta garzetta	4,3	7,3	0,0	0,5
Ardea cinerea	1,0	0,3	0,0	1,5
Tadorna ferruginea	14,8	9,8	19,3	79,3
Anas penelope	33,2	1,3	0,0	7,0
Anas strepera	61,3	5,2	0,5	3,0
Anas crecca	36,8	0,0	0,0	7,0
Anas platyrhynchos	441,7	116,0	53,3	132,0
Anas acuta	5,3	0,0	0,0	0,0
Anas clypeata	216,9	14,3	0,0	36,8
Marmaronetta angustirostris	6,0	0,0	0,0	32,0
Aythya fuligula	6,6	0,3	0,0	0,0
Aythya ferina	16,2	7,7	0,0	7,0
Gallinula chloropus	0,0	0,0	0,5	1,5
Fulica atra	38,4	25,3	24,0	25,5
Fulica cristata	101,8	74,3	94,5	120,0
Himantopus himantopus	0,0	0,5	1,8	9,8
Charadrius dubius	0,0	0,2	0,0	0,0
Vanellus vanellus	4,1	2,1	0,0	0,0
Tringa ochropus	1,3	0,7	0,0	5,0

La diversité maximale est atteinte en période d'hivernage (19 espèces) et lors de la migration automnale (15 espèces), alors que la plus faible diversité (8 espèces) est enregistrée en période estivale.

Les Anatidés sont représentés par des espèces observées régulièrement en hivernage dans les lacs moyen-atlasiques (le Canard colvert, le Canard souchet, le Canard chipeau, le Canard siffleur). Les Rallidés, représentent le deuxième groupe de point de vue abondance.

La distribution des espèces sur le diagramme "abondance-degré de préférence" (Figure 88)

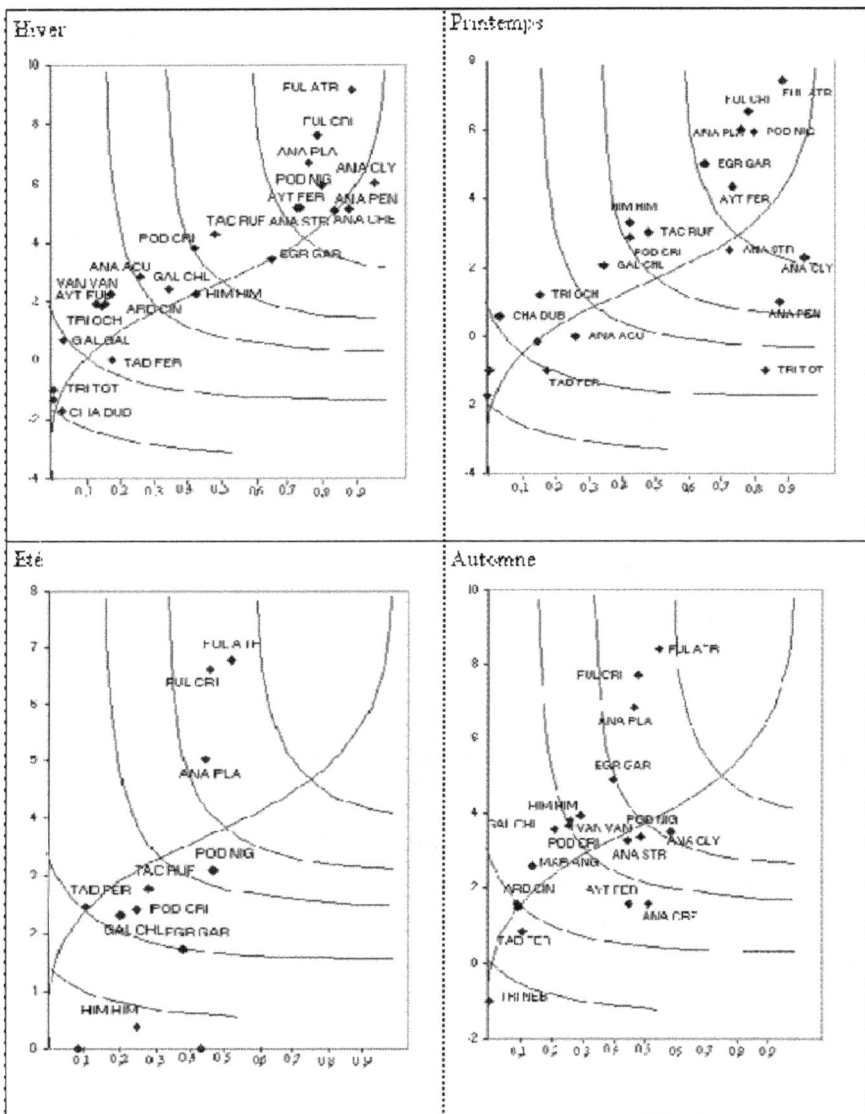

Figure 87 : Représentation graphique du peuplement d'oiseaux d'eau de Dayet Awa sur le diagramme "abondance-degré de préférence"

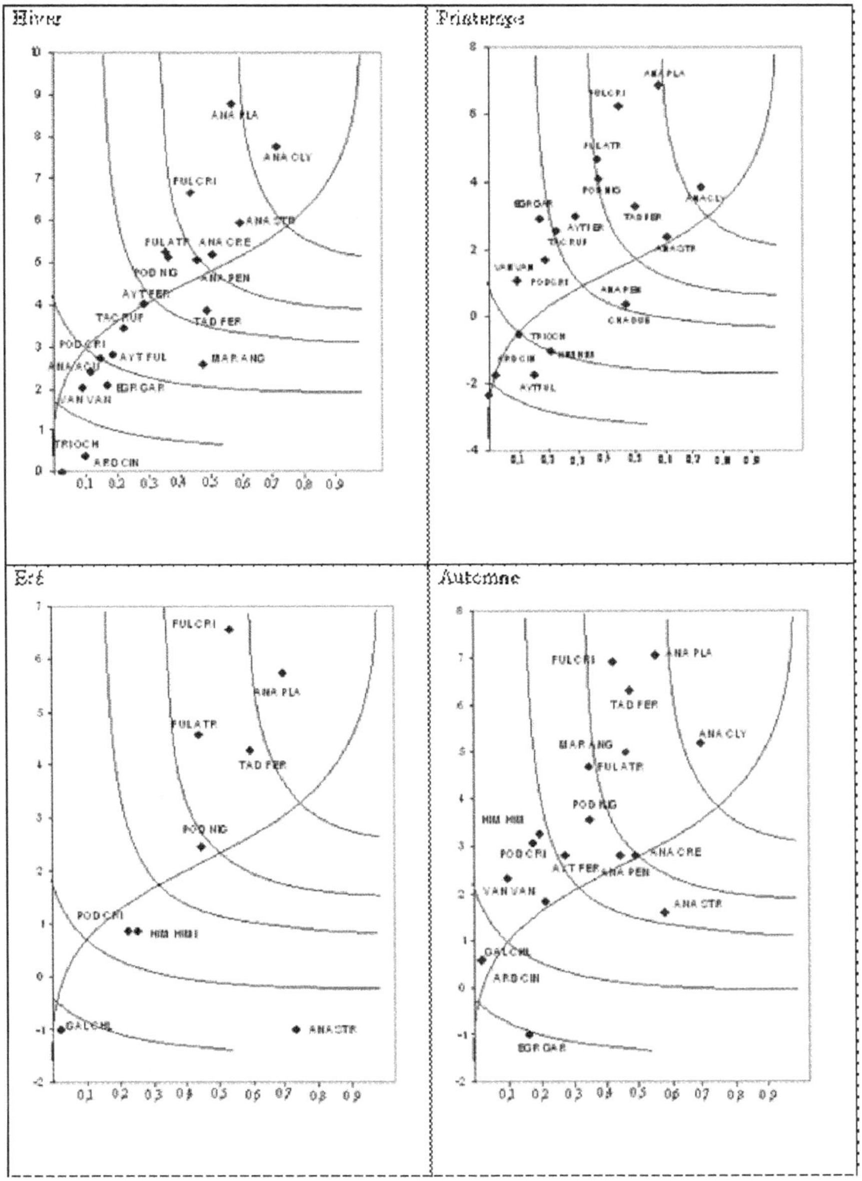

Figure 88 : Représentation graphique du peuplement d'oiseaux d'eau de Dayet Ifrah sur le diagramme "abondance-degré de préférence"

89

montre que durant les quatre saisons les espèces considérées comme caractéristiques sont le Canard colvert et la Foulque caronculée. Le Tadorne casarca et la Foulque macroule ne le sont qu'en période hivernale.

Parmi les hivernants, le Canard souchet est la seule espèce qualifiée d'élective dans la mesure où elle fréquente abondamment le site en dehors de la période estivale, le Canard chipeau et la Sarcelle d'hiver sont désignés comme espèces caractéristiques en hiver, le Grèbe à cou noir est classé comme espèce préférente du site et ce durant les quatre saisons.

6-Aguelmam Abekhane

Tableau 20 : Effectifs saisonniers moyens de l'avifaune d'Aguelmam Abekhane

Espèces	hiver	printemps	été	automne
Tachybaptus ruficollis	47,4	22,9	17,0	29,5
Podiceps cristatus	4,7	2,8	0,0	1,5
Podiceps nigricollis	18,2	7,3	0,0	9,3
Egretta garzetta	2,8	0,0	1,0	5,5
Ardea cinerea	1,2	0,0	0,0	0,0
Tadorna ferruginea	7,2	3,8	4,0	9,5
Anas penelope	13,2	0,0	0,0	1,0
Anas strepera	20,7	3,7	0,0	0,0
Anas platyrhynchos	119,2	58,1	19,0	34,3
Anas clypeata	19,6	2,0	0,0	2,0
Aythya ferina	257,1	87,5	17,0	34,5
Fulica atra	97,5	65,2	46,8	100,8
Tringa ochropus	0,8	0,5	0,0	1,3

L'ornithofaune de ce lac est peu diversifiée, elle n'est composée que de 13 espèces dont quatre espèces ont été observées régulièrement : La Foulque macroule le Canard colvert, le Fuligule milouin et le Grèbe castagneux (Tableau 20).

Parmi les espèces caractéristiques qui ont élu ce site pour leur hivernage nous citons : le Canard siffleur, le Canard souchet et le Canard chipeau (Figure 89). Le Tadorne casarca et l'Aigrette garzette, en tant qu'espèces transgressives voir étrangères peuvent estiver sur le site. Les Limicoles sont considérés comme des espèces étrangères ou accidentelles plus particulièrement en automne.

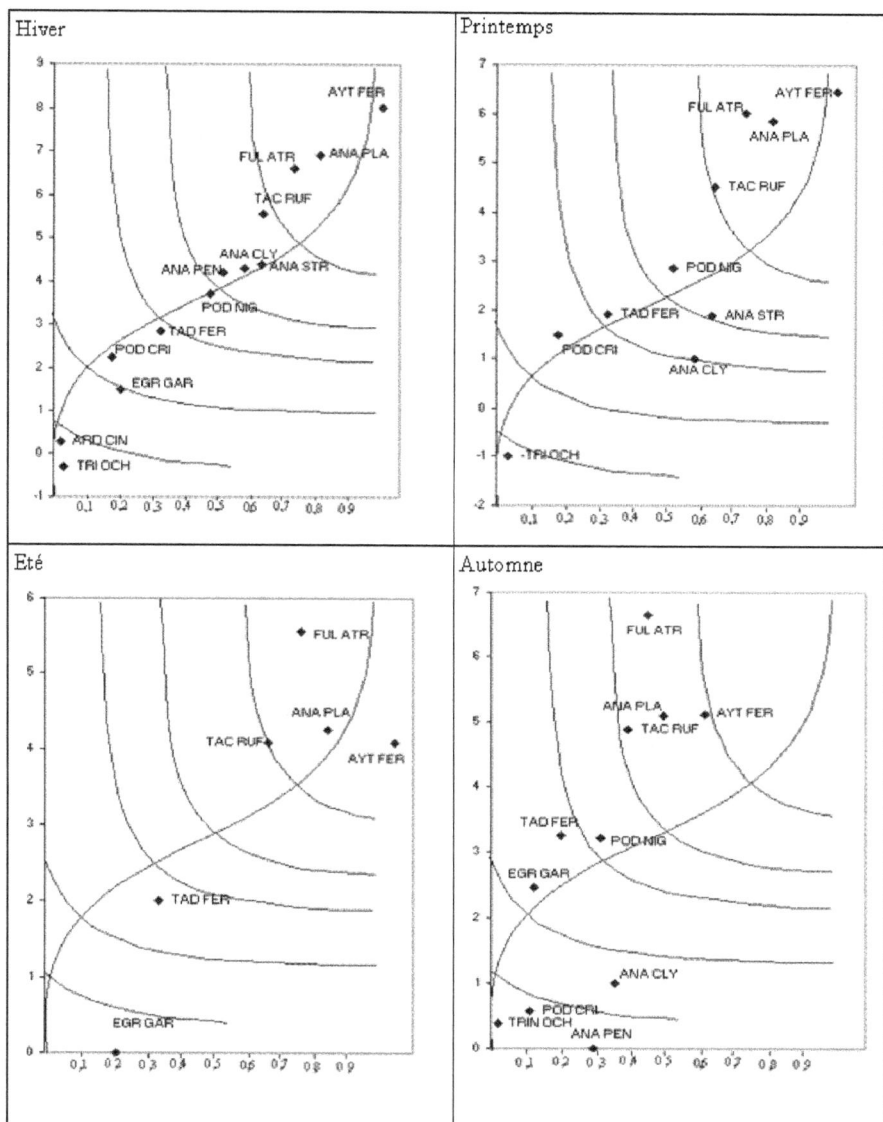

Figure 89 : Représentation graphique du peuplement d'oiseaux d'eau d'Aguelmam Abekhane sur le diagramme "abondance-degré de préférence

7- Aguelmam Wiwane

Le peuplement avien de cet Aguelmam est peu diversifié, il est composé de 10 espèces dont cinq seulement ont été observées régulièrement : la Foulque macroule, le Canard colvert, la Foulque caronculée, la Poule d'eau, le Grèbe castagneux et le Tadorne casarca. Le reste du peuplement est constitué de cinq espèces notées rarement ou occasionnellement en hivernage (le Canard souchet, l'Aigrette garzette, le Héron cendré et la Bécassine des marais (Tableau 22) Le diagramme "abondance-degré de préférence" (Figure 90) montre que la Foulque macroule et le Canard colvert sont identifiés comme espèces électives de ce site durant trois saisons (hiver, printemps et été) ; en automne ils sont classés comme des espèces préférantes.

Les autres espèces : la Foulque caronculée, le Tadorne casarca et le Grèbe castagneux sont qualifiés de préférantes auxquels s'ajoute le canard souchet qui marque sa présence en hiver.

Tableau 21 : Effectifs saisonniers moyens de l'avifaune d'Aguelmam Wiwane

Espèces	hiver	printemps	été	automne
Tachybaptus ruficollis	13,1	7,8	6,0	9,8
Egretta garzetta	1,2	0,5	0,8	3,0
Ardea cinerea	1,2	0,0	0,0	0,0
Tadorna ferruginea	6,8	0,3	4,3	6,8
Anas platyrhynchos	34,0	26,9	17,0	23,5
Anas clypeata	12,0	1,7	0,0	3,0
Gallinula chloropus	12,8	6,5	8,3	10,0
Fulica atra	33,6	22,7	17,0	28,8
Fulica cristata	9,3	6,7	10,5	12,8
Gallinago gallinago	0,7	0,7	0,0	0,0

8- Tiguelmamine

Tableau 22 : Effectifs saisonniers moyens de l'avifaune de Tiguelmamine

Espèces	hiver	printemps	été	automne
Ardea cinerea	0,0	0,0	0,3	0,0
Anas platyrhynchos	0,5	0,0	3,0	0,0

L'ornithofaune de ces deux lacs juxtaposés, s'est montrée très pauvre en toute saison.

Les deux espèces qui ont été signalées sur ces sites sont : le Canard colvert en hiver et en été 1998. La deuxième est un Héron cendré qui a visité les lacs le 13/08/98 (Tableau 22).

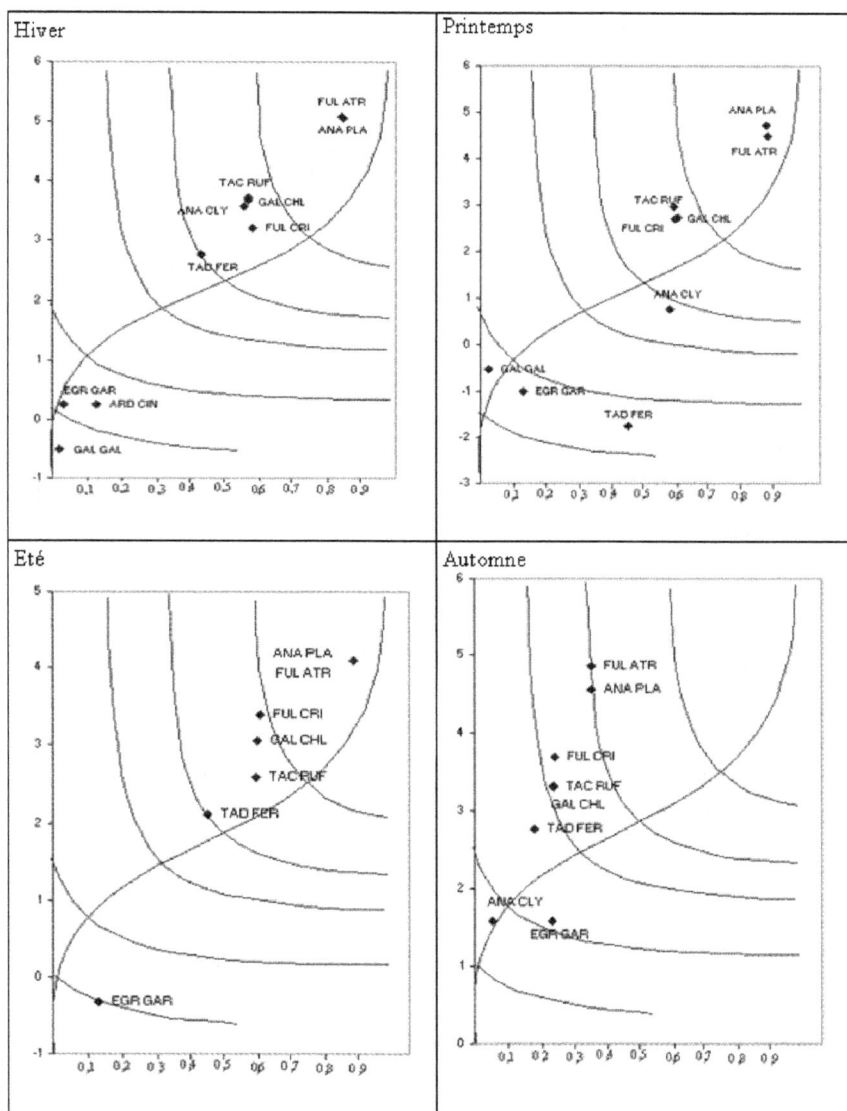

Figure 90 : Représentation graphique du peuplement d'oiseaux d'eau d'Aguelmam Wiwane
sur le diagramme "abondance-degré de préférence"

9- Aguelmam Azegza

Tableau 23 : Effectifs saisonniers moyens de l'avifaune d'Aguelmam Azegza

Espèces	hiver	printemps	été	automne
Egretta garzetta	3,3	0,0	1,0	2,8
Ardea cinerea	2,8	0,0	0,5	0,8
Anas platyrhynchos	7,8	12,7	10,5	17,8
Tringa ochropus	0,3	1,0	0,0	1,0

A l'image du site précèdent, ce lac s'est montré aussi très pauvre en espèces d'oiseaux. Son peuplement avien n'est composé que de quatre espèces dont le Canard colvert est régulièrement observé (Tableu 23).Cette dernière espèce est qualifiée comme élective en toute saison. Les autres espèces, l'Aigrette garzette, le Héron cendré et le Chevalier cul-blanc sont qualifiés soit d'espèces transgressives (Aigrette garzette), soit étrangères voire accidentelles pour les autres espèces.

10- Aguelmam Iffer

Tableau 24 : Effectifs saisonniers moyens de l'avifaune d'Aguelmam Iffer

Espèces	hiver	printemps	été	automne
Tachybaptus ruficollis	0,8	0,0	0,0	0,8
Egretta garzetta	0,0	0,5	0,0	0,0
Ardea cinerea	0,6	0,0	0,0	0,5
Anas platyrhynchos	0,0	0,5	0,5	0,0
Gallinula chloropus	0,0	0,0	0,0	0,8
Fulica atra	0,0	1,5	0,0	0,0

Malgré sa proximité des deux lacs Awa et Ifrah connus pour leur peuplement avien diversifié, ce site n'a hébergé que six espèces d'oiseaux en des périodes de l'année très éparses sans aucune régularité apparente (Tableau 24).

Sur le diagramme "abondance-degré de préférence" aucune espèce ne s'est montrée caractéristique de ce site à part la Foulque macroule et le Grèbe castagneux, transgressives pour la plupart du temps, qui trouvent refuge dans ce site.

11- Aguelmam Afourgagh

Jusqu'aux années quatre-vingt, le lac était d'un grand intérêt ornithologique :

-la première preuve de nidification du Canard chipeau sur les territoires africains,

-premier cas de nidification du Canard souchet, sur le territoire national,

-lieu de nidification de plusieurs espèces d'oiseaux très importantes pour le Maroc comme le Blongios nain, le Héron pourpré et le Bihoreau gris.

Suite aux coupes abusives et sauvages de la végétation aquatique, à la réduction de la surface en eau ainsi qu'au dérangement excessif causé par les nomades, le peuplement avien de ce site s'est manifestement appauvri. Actuellement nous avons recensé 16 espèces, pour la plupart des visiteurs occasionnels et non reproducteurs, qui ont fréquenté le lac d'une manière irrégulière (Tableau 25).

Les Podicipedidés (2 espèces), les Ardéidés (2 espèces), les Anatidés (7 espèces), les Rallidés (3 espèces) et les Limicoles (2 espèces).

Tableau 25 : Effectifs saisonniers moyens de l'avifaune d'Aguelmam Afourgagh

Espèces	hiver	printemps	été	automne
Tachybaptus ruficollis	2,0	1,0	0,0	0,5
Podiceps cristatus	3,0	0,7	0,0	0,8
Egretta garzetta	0,8	0,8	0,0	3,0
Ardea cinerea	1,0	0,0	0,0	0,3
Tadorna ferruginea	1,6	0,0	1,0	3,3
Anas penelope	1,7	0,0	0,0	0,0
Anas strepera	1,3	0,0	0,0	0,0
Anas platyrhynchos	0,3	0,0	0,5	1,0
Anas clypeata	0,3	0,0	0,0	0,0
Aythya fuligula	0,5	0,0	0,0	0,0
Aythya ferina	0,0	0,0	0,0	0,5
Gallinula chloropus	0,3	0,0	0,0	0,0
Fulica atra	2,7	0,5	0,0	1,0
Fulica cristata	0,7	1,5	2,0	0,5
Himantopus himantopus	0,0	0,0	0,0	1,5
Tringa ochropus	0,3	0,0	0,0	0,0

La distribution des espèces dans le diagramme "abondance-degré de préférence" (Figure 91) montre, une alternance, selon les saisons, au niveau des espèces caractéristiques : le Grèbe huppé, la Foulque macroule et le Fuligule milouin en hiver, la Foulque macroule et le Grèbe castagneux au printemps et enfin la Foulque caronculée en été. En automne, la plupart des espèces sont qualifiées de transgressives : toutes représentées par de faibles contingents.

C'est durant la période d'hivernage que les espèces préférantes ont été notées : le Canard siffleur et le Grèbe castagneux. En été, trois espèces ont fréquenté le site pour la plupart non nicheuses : la Foulque caronculée, le Tadorne casarca et le Canard colvert.

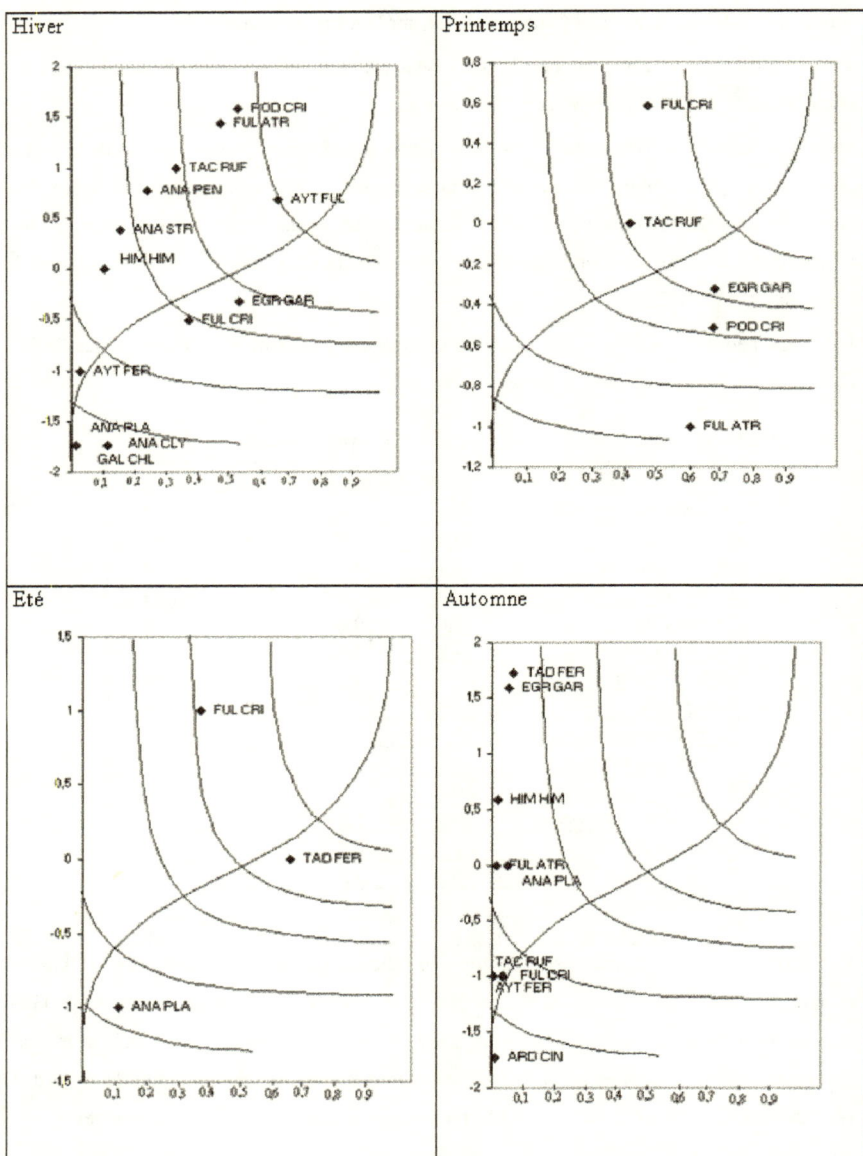

Figure 91 : Représentation graphique du peuplement d'oiseaux d'eau de Dayet Afourgagh sur le diagramme "abondance-degré de préférence"

12- Plan d'eau de Zerrouka

Malgré le caractère artificiel et la taille réduite du plan d'eau de Zerrouka, 13 espèces l'ont fréquenté, en plus du Canard colvert et du Grèbe castagneux, le groupe des Rallidés (3 espèces) reste le plus abondant et le plus régulier sur le site (Tableau 26).

L'analyse du diagramme "abondance-degré de préférence" de l'avifaune de Zerrouka (Figure 92) permet d'identifier, la Foulque caronculée, la Poule d'eau, le Canard colvert, la Foulque macroule et le Grèbe castagneux comme espèces électives en période d'hivernage. Pour cette même période, le Fuligule milouin, le Canard souchet sont notées comme espèces caractéristiques et le Fuligule morillon comme espèce préférante. Au printemps, on remarque les mêmes espèces électives qu'en hiver. Avec le départ des contingents d'hivernants, le Fuligule milouin et l'Aigrette garzette se rangent comme des espèces transgressives.

Tableau 26 : Effectifs saisonniers moyens de l'avifaune du plan d'eau Zerrouka

Espèces	hiver	printemps	été	automne
Tachybaptus ruficollis	15,7	19,8	8,8	13,8
Egretta garzetta	2,7	1,2	0,0	1,0
Ardea cinerea	1,6	0,0	0,0	1,0
Anas strepera	1,3	0,0	0,0	0,0
Anas platyrhynchos	23,4	9,7	4,5	7,8
Anas clypeata	8,7	0,0	0,0	4,8
Aythya fuligula	6,6	0,0	0,0	0,0
Aythya ferina	9,6	1,5	0,0	3,8
Gallinula chloropus	29,7	12,7	11,0	26,8
Fulica atra	12,7	14,3	10,3	23,8
Fulica cristata	28,3	35,6	26,0	38,8
Gallinago gallinago	1,0	0,0	0,0	0,0
Tringa ochropus	2,5	0,5	0,0	1,0

En été, les deux espèces caractéristiques du site sont la Foulque caronculée et la Poule d'eau. Les autres espèces comme la Foulque macroule, le Grèbe castagneux et le Canard colvert sont qualifiés de préférantes.

Durant la saison automnale, la seule espèce caractéristique de ce plan d'eau est la Foulque caronculée. Les autres espèces sont considérées comme préférantes ; le rassemblement automnal des Foulques caronculées est responsable de cette dernière qualification.

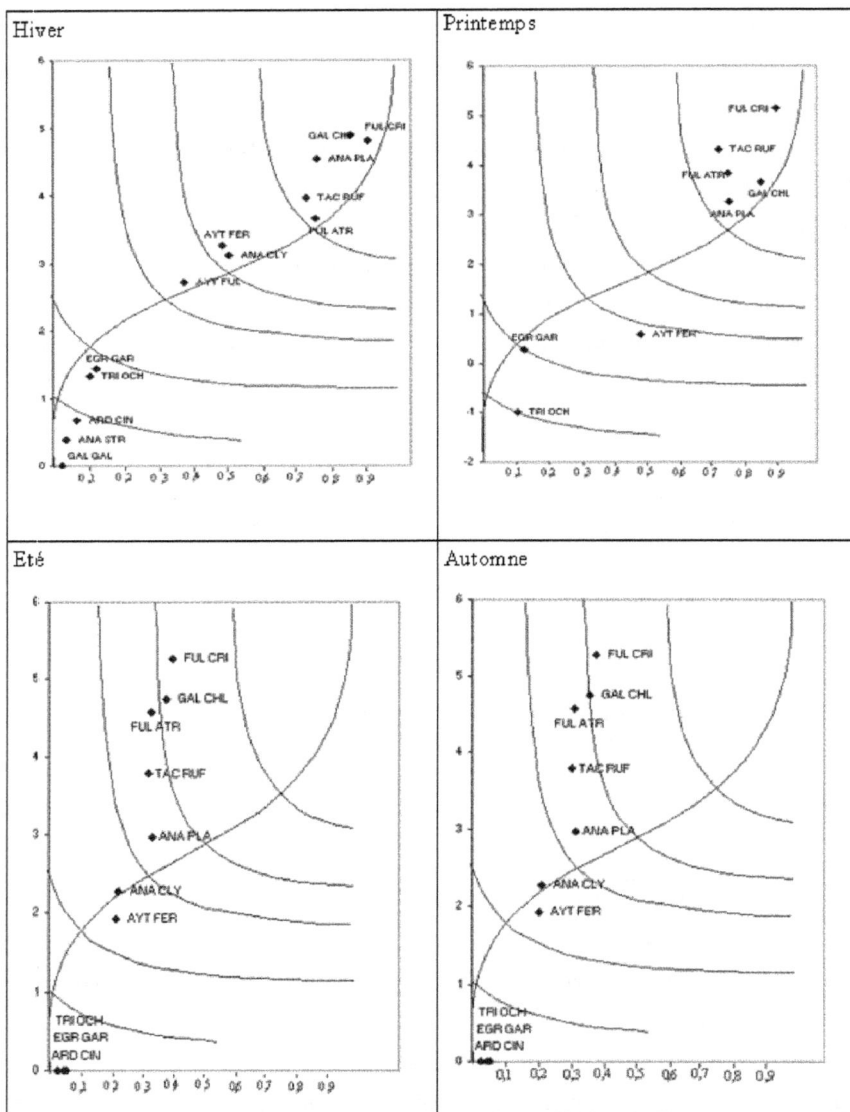

Figure 92 : Représentation graphique du peuplement d'oiseaux d'eau de Zerrouka sur le diagramme "abondance-degré de préférence

13- Plans d'eau d'Amghass

Les Plans d'eau d'Amghass, à vocation essentiellement piscicole, ont montré un intérêt ornithologique non négligeable en hébergeant 11 espèces d'oiseaux, les Rallidés (la Foulque macroule, la Foulque caronculée et la Poule d'eau) constituent le groupe le plus abondant et le plus régulier sur le site. Parmi les autres groupes, le Canard colvert et le Grèbe castagneux, sont les deux espèces les plus remarquées dans cette zone humide (Tableau 27).

Tableau 27 : Effectifs saisonniers moyens de l'avifaune des Plans d'eau Amghass

Espèces	Hiver	printemps	été	automne
Tachybaptus ruficollis	29,8	20,8	17,0	24,0
Egretta garzetta	1,8	2,5	0,5	12,3
Ardea cinerea	2,8	0,0	0,0	0,5
Tadorna ferruginea	0,7	0,5	0,0	0,5
Anas platyrhynchos	14,7	9,8	7,8	16,0
Aythya ferina	1,3	0,0	0,0	0,0
Gallinula chloropus	27,8	19,3	15,3	16,3
Fulica atra	21,6	23,3	22,5	30,8
Fulica cristata	26,4	18,7	23,0	28,5
Charadrius dubius	0,0	0,0	0,0	1,3
Tringa ochropus	0,2	0,0	0,0	0,0

L'analyse du diagramme "abondance-degré de préférence" de l'avifaune des Amghass (Figure 93) permet d'identifier durant les trois saisons (hiver, printemps, été) la Foulque caronculée, la Poule d'eau, le Canard colvert, la Foulque macroule et le Grèbe castagneux comme espèces électives. Les autres espèces telles l'Aigrette garzette et le Fuligule milouin, peu abondantes, n'ont pas pu franchir le rang d'espèces transgressives voire étrangères pour le Tadorne casarca.

En été, cinq espèces sont toujours présentes sur les lieux et peuvent même se reproduire : la Foulque caronculée, la Poule d'eau, la Foulque macroule, le Grèbe castagneux et le Canard colvert ; elles sont toutes qualifiées d'électives.

Durant la saison automnale, on remarque un changement dans le comportement des oiseaux avec la Foulque macroule, la Foulque caronculée et la Poule d'eau qui sont qualifiées de caractéristiques tandis que le Canard colvert et la Poule d'eau sont considérés comme espèces préférantes, notons qu'en cette période l'Aigrette garzette est retenue en tant qu'espèce préférante.

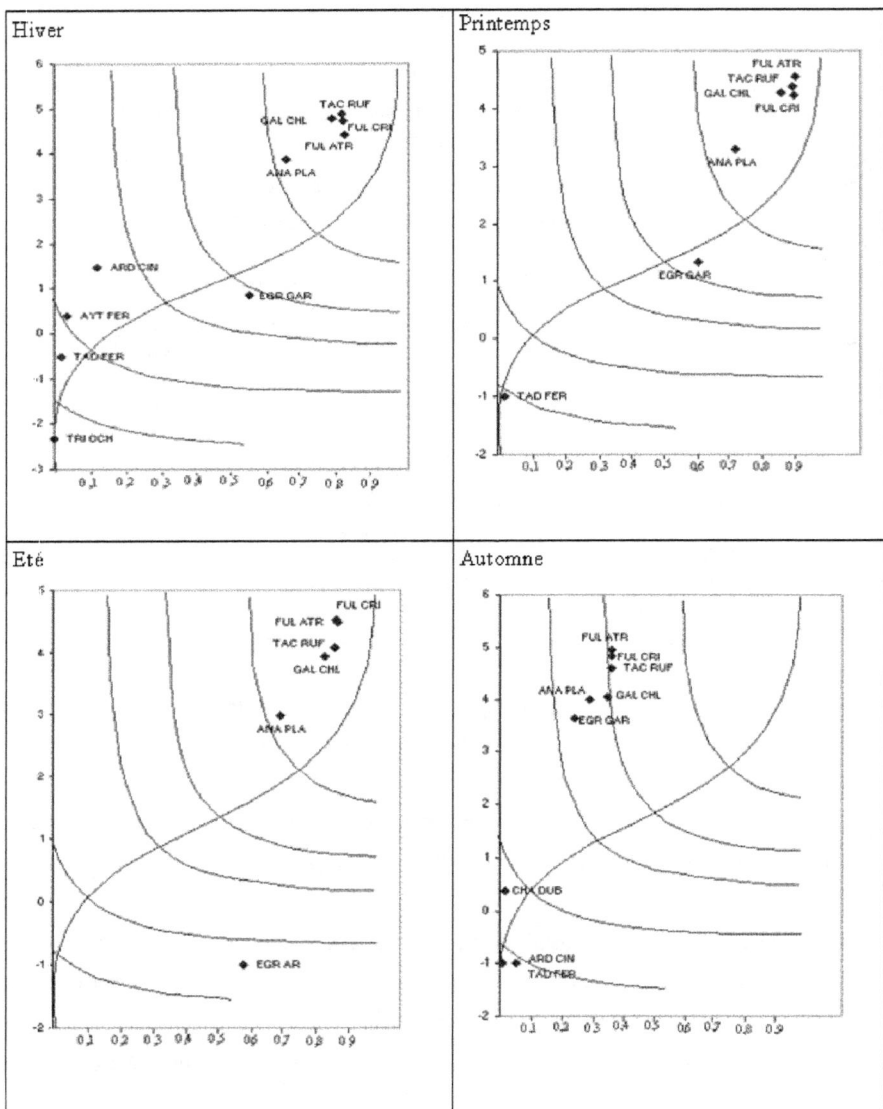

Figure 93 : Représentation graphique du peuplement d'oiseaux d'eau des Amghass sur le diagramme "abondance-degré de préférence"

100

B-Conclusion

Durant notre période d'étude des 13 lacs moyen-atlasiques, 27 espèces d'oiseaux ont fréquenté ces zones humides entre 1997 et 1999. Les peuplements ornithologiques se répartissent entre cinq groupes : les Anatidés (10 espèces), les Limicoles (9 espèces), les Rallidés (3 espèces), Les Podicipedidés (3 espèces) et les Ardéidés (2 espèces).

Les espèces qualifiées d'électives proviennent principalement des Anatidés : Le Tadorne casarca, le Canard colvert, le Canard souchet, le Canard siffleur, le Canard chipeau, le Fuligule milouin et la Sarcelle d'hiver. Les deux espèces de Rallidés qui sont souvent considérées comme électives sont la Foulque macroule et la Foulque caronculée. Parmi les Podicipedidés, le Grèbe à cou noir et le Grèbe castagneux ont été désignés comme espèces électives. Les autres groupes souvent présents avec des effectifs moyens ou faibles n'arrivent pas à s'imposer sur les eaux des lacs et conservent, selon leur abondance, le statut d'espèces préférantes ou d'espèces transgressives

Les lacs qui ont abrité le maximum d'espèces électives sont par ordre décroissant : Aguelmam Afennourir (8 espèces), Dayet Awa (7 espèces), Tifounassine (5 espèces) et Aguelmam Sidi Ali (2 espèces électives et 9 espèces préférantes).

Le nombre d'espèces électives ou préférantes des lacs du Moyen Atlas est plus élevé en période d'hivernage et au cours des grands passages migratoires pré et postnuptiaux (max 8 espèces). Les espèces sont pour la plupart des hivernantes ou des migratrices dont les effectifs atteignent des seuils très importants les qualifiant d'électives ou de préférantes durant ces deux périodes.

Durant la saison estivale, les espèces électives ou caractéristiques sont composées principalement de sédentaires, nicheurs dans la plupart des cas comme le Tadorne casarca, le Canard colvert, la Foulque macroule, la Foulque caronculée, le Grèbe castagneux et le Grèbe huppé.

Les lacs qui ont présenté un intérêt ornithologique très faible sont par ordre croissant : Afourgagh, Azegza, Iffer et Tiguelmamine. Leurs peuplements aviens sont très pauvres en espèces, représentés par des effectifs faibles non réguliers et très épars. La situation géographique couplée à un dérangement anthropique élevé (coupes de végétation, pâturage, tourisme, pêche, braconnage, agriculture) sont les causes de cette faible diversité.

VII ANALYSE DE L'HIVERNAGE DES ESPECES D'OISEAUX CARACTERISTIQUES DES LACS DURANT LA PERIODE 1983-2000

A- Méthodologie du travail

L'analyse des préférences des oiseaux vis-à-vis des zones humides du Moyen Atlas, a révélé que 8 espèces se sont comportées comme caractéristiques, voir électives, des lacs du Moyen Atlas (Tadorne casarca, Canard colvert, Fuligule milouin, Canard siffleur, Canard souchet, Canard chipeau, Foulque macroule et Foulque caronculée).

Afin de caractériser les tendances d'hivernage du peuplement avien, au niveau du Moyen Atlas, nous avons procédé à l'analyse de l'évolution des effectifs de ces espèces recensées lors des dénombrements hivernaux des oiseaux d'eaux au Maroc sur une période de 18 ans (1983-2000).

Dans l'analyse des caractéristiques de l'hivernage des espèces d'oiseaux des lacs du Moyen Atlas, nous avons utilisé en plus de nos observations personnelles, les données tirées de la base de données "Oiseaux d'eau et zones humides" du Centre d'Etude des Migrations d'Oiseaux (CEMO) à l'Institut Scientifique de Rabat.

Chaque espèce a été identifiée par un ensemble des paramètres qui la caractérisent à l'échelle régionale et nationale. L'ensemble de ces paramètres avec leurs définitions, communément utilisés dans ce genre d'analyse (El Agbani 1997, Qninba 1999) est présenté dans le Tableau 28.

Tableau 28 : Définitions des paramètres caractéristiques de l'hivernage des espèces caractéristiques (El Agbani 1997).

Paramètre	Définition
PHR	Population hivernante régionale
EPHR	Effectif de la population hivernante régionale
EMN	Effectif moyen national calculé sur la période d'étude (1983-2000)
NFNS	Nbre de fois où l'espèce à dépassé le 1% de EMN durant la période 1983-2000
NFRS	Nbre de fois où l'espèce à dépassé le 1% de EPHR durant la période 1983-2000
NSN1%	Nbre de sites où l'effectif de l'espèce a dépassé au moins une fois le 1% de EMN durant la période 1983-2000
NSR1%	Nbre de sites où l'effectif de l'espèce a dépassé au moins une fois le 1% de EPHR durant la période 1983-2000
MAX18	Effectif maximum relevé durant la période 1983-2000

Dans le but d'évaluer l'importance internationale des zones humides du Moyen Atlas pour l'hivernage des oiseaux, nous avons utilisé le critère 6 de la convention de Ramsar; laquelle

Convention cherche à promouvoir la coopération internationale en matière de protection des habitats des oiseaux d'eau. Rappelons que le Maroc a adhéré à cette Convention en 1980 et avait inscrit sur la liste des "sites Ramsar" quatre zones humides marocaines : Merja Zerga, Merja de Sidi Bou Ghaba, Lagune de Khnifiss et Aguelmam Afennourir.

Ce critère 6 stipule qu'une zone humide devrait être considérée comme un site d'importance internationale si elle abrite, régulièrement, 1% de l'effectif de cette population pour une population donnée (1% de EPHR).

Dans le cas où l'effectif n'atteint pas le seuil officiel de sélection, mais que ce dernier a été atteint au moins une fois entre 1983-2000, le site en question sera qualifié de zone d'importance internationale potentielle pour l'espèce. Les informations sur les tailles des populations d'origine des espèces étudiées ainsi que sur les seuils de sélection proviennent de la compilation effectuée par Scott et Rose (1996) et du travail d'El Agbani (1997).

Une zone humide sera qualifiée de site d'importance nationale pour une espèce donnée si elle abrite régulièrement une population dont la taille est en moyenne égale ou supérieure à la valeur de 1% de l'EMN. Ce critère a été appliqué avec succès par El Agbani *et al.* (1996) et Qninba (1999) pour identifier les sites marocains d'importance nationale pour les populations d'oiseaux d'eau (Anatidés et Limicoles).

B- Résultats

1-Le Tadorne casarca *Tadorna ferruginea*

L'importance des lacs du Moyen Atlas pour l'hivernage de cette espèce est une réalité incontournable à l'échelle du paléarctique occidental.

Si on se réfère, exclusivement aux effectifs enregistrés en hivernage, on remarque que le Tadorne casarca est souvent noté sur les lacs avec des moyennes de 177 individus sur Sidi Ali, de 192 individus sur Afennourir et de 88 individus sur Tifounassine. Les fortes concentrations sont observables sur les Aguelmams Afennourir, Sidi Ali et Tifounassine (400 individus en janvier 1984 à Sidi Ali et 451 individus en janvier 1998 à Afennourir).

Une analyse de l'histogramme (Figure 94) montre une légère tendance évolutive des effectifs en 18 ans (1983-2000). Si on excepte l'année 1989, Les faibles effectifs enregistrés de 1985 à 1990 sont consécutifs aux fortes sécheresses que le Maroc a connues durant cette période. L'application du critère 6 de la Convention de Ramsar, sur les données de la période 1983-

2000, nous permet d'obtenir quatre lacs d'importance internationale et nationale pour l'hivernage de cette espèce (Tableau 28).

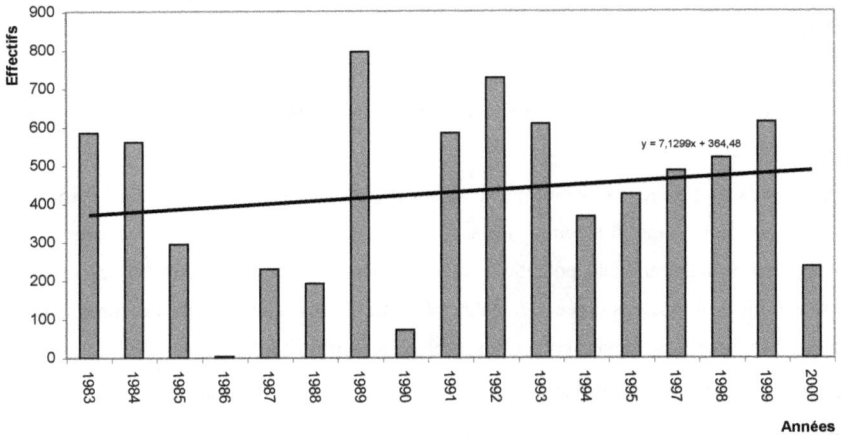

Figure 94 : Evolution des effectifs du Tadorne casarca Tadorna ferruginea en Hivernage dans les lacs du Moyen Atlas

Quatre lacs représentent des sites majeurs pour l'hivernage du Tadorne casarca puisque le critère 6 de la Convention de Ramsar (NFRS1%) est satisfait entre 8 et 15 fois (Lacs Sidi Ali, Afennourir, Tifounassine et Ifrah) pour la période précitée. Les autres lacs (Abekhane, Wiwane, Azegza et Afourgagh) restent des zones d'importance internationale potentielle pour l'espèce dans la mesure ou le seuil officiel de sélection a été atteint au moins une fois entre 1983-2000.

Tableau 28 : Principaux sites d'hivernage du Tadorne casarca *Tadorna ferruginea.*

Sites	PHR : Méditerranée occidentale EPHR : = 1500, EMN= 916 NSR1% =7, NSN1%=7			
	MAX 18	EM18	NFRS1%	NFNS1%
Aguelmams Sidi Ali	400	177	15	15
Aguelmam Afennourir	451	192	13	14
Aguelmam n'Tifounassine	302	88	10	11
Dayet Ifrah	90	28	8	8
Dayet Awa	4	2		
Aguelmam Abekhane	38	11	1	4
Aguelmam Afourgagh	4	3		
Aguelmam Azegza	61	16	1	1
Aguelmam Wiwane	24	10	1	2

2- Canard siffleur *Anas penelope*

Les lacs du Moyen Atlas jouent un rôle plus ou moins important dans l'hivernage de cette espèce. Durant les 18 années cinq lacs ont régulièrement hébergé le Canard siffleur en période hivernale.

En fait, les Aguelmams Afennourir et Sidi Ali totalisent parfois presque 80% ou plus de des hivernants avec une moyenne de 440 individus chaque hiver pour Afennourir et 146 individus pour Sidi Ali. Les maxima enregistrés durant cette période sont de 2006 individus à Afennourir durant l'hiver 1991 et 660 individus au niveau de Sidi Ali en janvier 1995. Aucune tendance évolutive très nette des effectifs n'est manifeste, les effectifs enregistrés sont variables d'une année à l'autre (Figure 95).

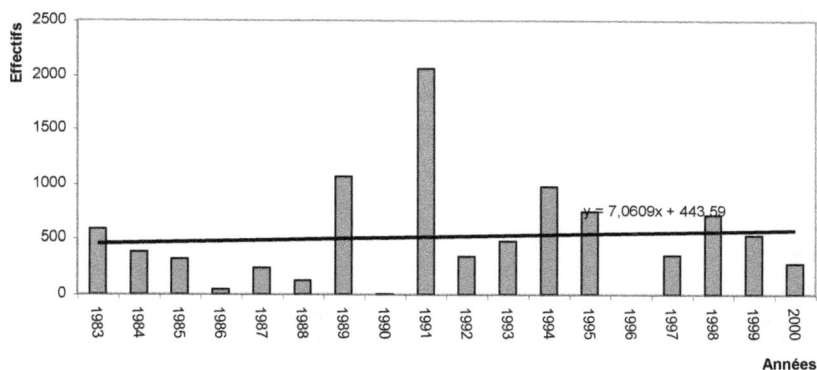

Figure 95 : Evolution des effectifs du Canard siffleur Anas penelope en Hivernage dans les lacs du Moyen Atlas

Tableau 29 : Principaux sites d'hivernage du Canard siffleur *Anas penelope*.

Sites	PHR : Mer noir/Méditerranée EPHR : = 560.000 EMN= 24610; NSR1% =0; NSN1%=2			
	MAX 18	EM18	NFRS1%	NFNS1%
Aguelmams Sidi Ali	660	146		2
Aguelmam Afennourir	2006	440		6
Aguelmam n'Tifounassine	18	13		
Dayet Ifrah	202	58		
Dayet 'Awa	58	22		

Aucun lac n'a été retenu comme zone d'importance internationale pour l'hivernage de cette espèce dans la mesure où les effectifs n'ont jamais atteint 5600 exemplaires (1% de EPHR).

Cependant, deux lacs (Sidi Ali et Afennourir) ont reçu l'espèce avec des effectifs représentant 1% de l'effectif moyen national (EMN) et par conséquent sont considérés comme d'importance nationale pour l'hivernage de cette espèce (Tableau 29).

3- Canard chipeau *Anas strepera*

Le Canard chipeau est un hivernant régulier, souvent en faibles effectifs, au niveau de certains lacs du Moyen Atlas (Sidi Ali, Afennourir, Tifounassine, Ifrah, Awa et Abekhane). Les plus grandes concentrations de l'espèce ont été notées à Aguelmam Sidi Ali (284 oiseaux enregistrés durant l'hiver 1998) et à Aguelmam Afennourir (307 individus notés durant l'hiver 1994).

Depuis les années 1992, on a commencé à noter un regain d'intérêt des lacs du Moyen Atlas pour l'hivernage de cette espèce (Figure 96). La courbe de tendance marque une légère augmentation des effectifs des hivernants surtout au niveau des quatre lacs : Sidi Ali, Afennourir, Tifounassine et Awa ; pour cette espèce, aucun lac du Moyen Atlas n'a été élevé au rang de site d'importance internationale.

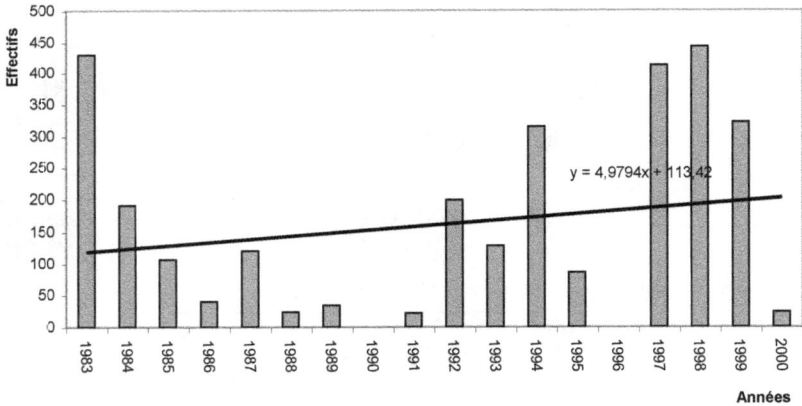

$$y = 4,9794x + 113,42$$

Figure 96 : Evolution des effectifs du Canar chipeau Anas strepera en Hivernage dans les lacs du Moyen Atlas

Sept zones humides sont considérées comme zone d'importance nationale pour le Chipeau, elles ont abrité au moins une fois un effectif supérieur à 1% de EMN (Tableau 30).

Seuls les cinq premiers lacs correspondent aux sites régulièrement visités par le chipeau avec des effectifs dépassant le seuil de 1% de l'EMN (Tableau 30) ; les autres lacs (Afourgagh et Abekhane) sont considérés comme des sites potentiels d'importance nationale.

Tableau 30 : Principaux sites d'hivernage du Canard chipeau *Anas strepera*

Sites	PHR : Europe centrale/Mer noir/Méditerranée EPHR : = 75.000 EMN= 1274 NSR1% =0 NSN1%=7			
	MAX 18	EM18	NFRS1%	NFNS1%
Aguelmams Sidi Ali	284	82		7
Aguelmam Afennourir	307	80		10
Aguelmam n'Tifounassine	135	56		4
Dayet Ifrah	159	32		6
Dayet 'Awa	106	29		7
Aguelmam Abekhane	12	7		1
Aguelmam Afourgagh	76			5

4- Canard colvert *Anas platyrhynchos*

C'est l'espèce hivernante la plus commune dans la majorité des zones humides du Moyen Atlas. ses effectifs sont variables d'un hiver à l'autre avec un maximum d'hivernants enregistré en 1998 à Dayet Ifrah (1050 individus). L'hivernage de cette espèce est également notable au niveau des lacs Sidi Ali (572 individus), Afennourir (780 individus), Tifounassine (500 individus) et Awa (158 individus).

L'analyse de la courbe de tendance montre une légère augmentation des effectifs des hivernants au cours de la dernière décennie 1991-2000 (Figure 97). L'amélioration relative des conditions climatiques durant ces dernières années a certainement favorisé cette légère croissance des effectifs.

Compte tenu de la population hivernante régionale (plus un million d'individus) et le peu d'hivernants enregistrés, aucun lac du Moyen Atlas ne possède une importance internationale pour cette espèce.

Selon les critères définis pour la sélection des sites d'importance nationale, seuls sept lacs présentant des moyennes supérieures au seuil de 1% de EMN (Tableau31) les autres lacs (Abekhane, Afourgagh, Zerrouka, Amghass et Azegza) correspondent aux zones humides potentielles d'importance nationale pour le Canard colvert.

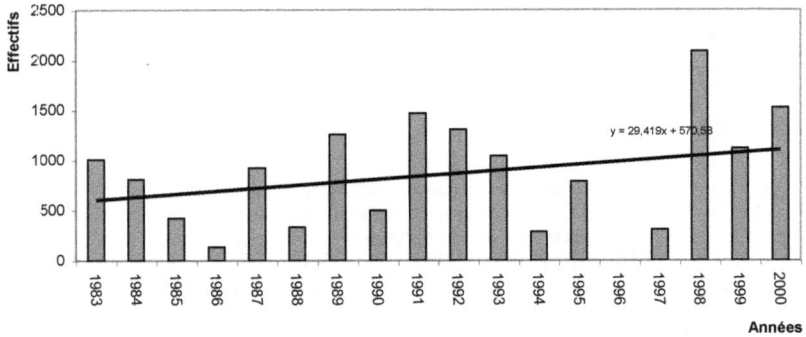

Figure 97 : Evolution des effectifs du Canar colvert Anas platyrhynchos en Hivernage dans les lacs du Moyen Atlas

Tableau 31 : Principaux sites d'hivernage du Canard colvert *Anas platyrhynchos*

Sites	PHR : Europe Nord/Méditerranée occidentale EPHR : = 1000000 EMN= 7690 NSR1% =0 NSN1%=8			
	MAX 18	EM18	NFRS1%	**NFNS1%**
Aguelmams Sidi Ali	572	229		13
Aguelmam Afennourir	780	227		10
Aguelmam n'Tifounassine	500	152		7
Dayet Ifrah	1050	184		14
Dayet 'Awa	158	85		7
Aguelmam Abekhane	84	40		2
Aguelmam Afourgagh	44	0		
Aguelmam Wiwane	230	77		6
Plan d'eau de Zerrouka	70	31		
Plans d'eau d'Amghass	27	18		
Aguelmam Azegza	179	56		4

5- Canard souchet *Anas clypeata*

Une analyse de l'évolution de l'hivernage de cette espèce au niveau des lacs du Moyen Atlas montre une nette tendance évolutive des effectifs au cours de la période 1983-2000 (Figure 98). Cette constatation peut être généralisée à l'ensemble des zones humides marocaines, dans la mesure où le Canard souchet commençait dès 1990 à enregistrer des effectifs consistants en hivernage (El Agbani *et al.* 1990 et Dakki *et al.* 1991).

Le record des hivernants a été enregistré à Aguelmam Afennourir (2100 oiseaux) durant l'hiver 1998. Les effectifs de ce canard présentent des variations importantes d'une année à l'autre et ce en rapport avec les conditions météorologiques en Europe qui poussent les populations du Nord vers nos zones humides (Lapeyre 1983 et Franchimont *et al.* 1994).

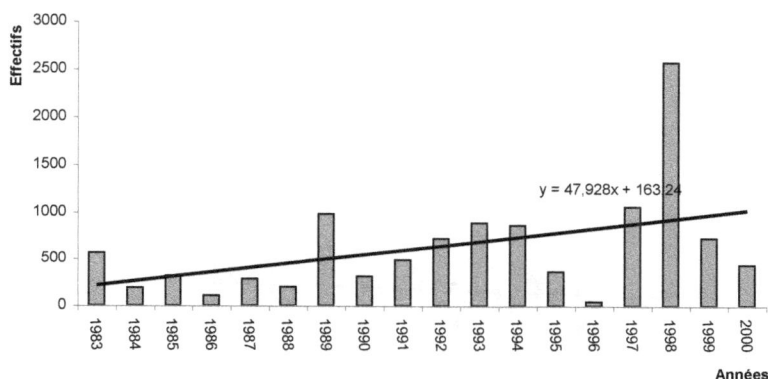

Figure 98 : Evolution des effectifs du Canard souchet Anas clypeata en Hivernage dans les lacs du Moyen Atlas

Les deux zones humides d'importance nationale pour l'hivernage de cette espèce sont Aguelmam Afennourir et Dayet Ifrah. Les sites restants (sidi Ali, Tifounassine et Awa) correspondent à des sites potentiels d'importance nationale (tableau 32).

Tableau 32 : Principaux sites d'hivernage du Canard souchet *Anas clypeata*

Sites	PHR : Mer noire/Méditerranée/ Afrique occidentale EPHR : = 450.000 EMN= 27.803 NSR1% =0 NSN1%=2			
	MAX 18	EM18	NFRS1%	NFNS1%
Aguelmams Sidi Ali	142	53		
Aguelmam Afennourir	2100	451		7
Aguelmam n'Tifounassine	125	51		
Dayet Ifrah	390	146		3
Dayet 'Awa	274	64		
Aguelmam Abekhane	24	12		
Aguelmam Afourgagh	9	5		
Aguelmam Wiwane	42	17		
Plan d'eau de Zerrouka	96	31		
Plans d'eau d'Amghass	142	53		

6- Fuligule milouin *Aythya ferina*

Les informations sur l'hivernage de cette espèce nous proviennent essentiellement de dix lacs, les effectifs les plus importants, par ordre décroissant, sont notés au niveau des lacs : Afennourir (MAX18 = 1450 individus en 1998), Abekhane (MAX18=855 individus en 1983), Sidi Ali

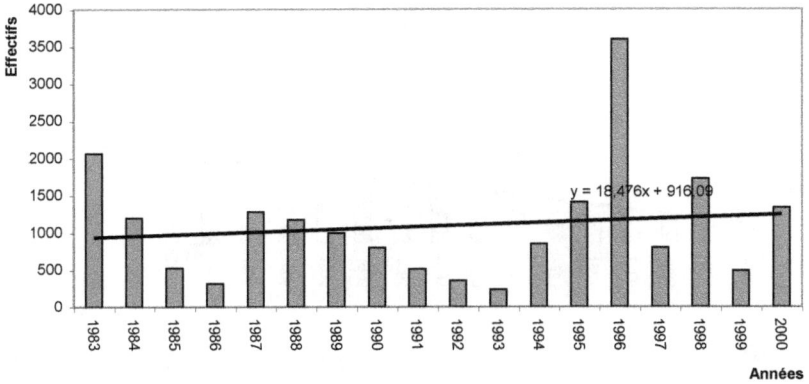

Figure 99 : Evolution des effectifs du Fuligule milouin Aythya ferina en Hivernage dans les lacs du Moyen Atlas

(MAX18=1121 individus en 1995), Ifrah (MAX18=649 individus en 1984), Awa (MAX 18= 320 individus en 2000) et Tifounassine (MAX18=290 individus en 1997).

Une analyse de l'histogramme (Figure 99) montre que les hivernants du Fuligule milouin ne montrent aucune tendance évolutive durant la période 1983-2000.

Aucun lac du Moyen Atlas ne possède une importance internationale pour ce Canard.
Sur les dix sites ayant hébergé au moins une fois plus de 1% de la moyenne nationale (EMN) durant la période 1983-2000, trois lacs (Afennourir, Abekhane et Ifrah) ont été retenus comme zone d'importance nationale pour l'hivernage de cette espèce (Tableau 33). Les lacs Sidi Ali, Zerrouka, Awa, Tifounassine et Afourgagh correspondent à des sites potentiels d'importance nationale pour l'hivernage de cette espèce.

Tableau 33 : Principaux sites d'hivernage du Fuligule milouin *Aythya ferina*

Site	MAX 18	EM18	NFRS1%	NFNS1%
PHR :Europe centrale/Mer noire/Méditerranée				
EPHR : = 1000.000 EMN= 6394				
NSR1% =0 NSN1%=7				
Aguelmams Sidi Ali	1121	162		6
Aguelmam Afennourir	1450	380		10
Aguelmam n'Tifounassine	290	99		2
Dayet Ifrah	649	177		11
Dayet 'Awa	320	51		2
Aguelmam Abekhane	855	339		11
Aguelmam Afourgagh	15	0		
Plan d'eau de Zerrouka	230	70		6
Plans d'eau d'Amghass	4	4		
Aguelmam Azegza	16	8		

8- Foulque caronculée *Fulica cristata*

La population Ouest Méditerranéenne a été estimée à 10.000 individus (Scott & Rose 1996). Dernièrement cet effectif est revu à la baisse; si on se réfère à l'estimation de la population de Foulque caronculée qui avance le chiffre de 5000 oiseaux en hiver et de 500 à 1000 nicheurs (Gômez 1999). Cette baisse, de la moitié presque de son effectif, lui confère le statut d'une espèce menacée d'extinction au niveau régional (IUCN 1994).

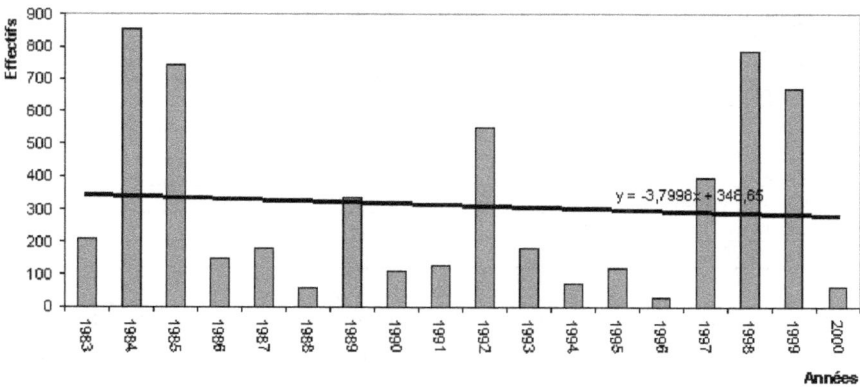

Figure 100 : Evolution des effectifs de la Foulque caronculée Fulica cristata en hivernage dans les lacs du Moyen Atlas

111

Pour cette espèce sédentaire, les zones humides du Moyen Atlas constituent les zones de prédilection pour son hivernage mais aussi pour sa reproduction. Entre 1983 et 2000, la Foulque caronculée a été observée en période d'hivernage dans plus de dix lacs du Moyen Atlas ; une analyse de l'histogramme d'évolution des effectifs hivernaux de cette espèce révèle une tendance régressive de la taille moyenne de cette population (Figure 100).. L'espèce a déserté un grand nombre de lacs suite notamment aux sévères conditions climatiques sèches que le Maroc a connues.

Cependant, suite à l'amélioration des conditions climatiques de ces dernières années, on a noté un regain d'intérêt des lacs du Moyen Atlas pour cette espèce ; les effectifs enregistrés à Dayet Awa durant l'hiver 1998 avec 443 individus et à Afennourir avec 365 individus en janvier 1999 témoignent de cette constatation

La simple présence dans une zone humide de cette espèce patrimoniale, pourrait guider vers un classement du site comme zone d'importance nationale pour son hivernage.

Au cours de la période 1983-2000, neuf lacs ont abrité au moins une fois plus de 1% de l'effectif de la population régionale (50 individus).

Tableau 34 : Principaux sites d'hivernage de la Foulque caronculée (*Fulica cristata*)

Nom du Site	PHR : Ouest Méditerranée EPHR : = 5000 EMN= 1120 NSR1% = 9 NSN1%=10			
	MAX 18	EM18	NFRS1%	**NFNS1%**
Aguelmams Sidi Ali	760	269	2	4
Aguelmam Afennourir	365	64	3	7
Aguelmam n'Tifounassine	140	57	6	9
Dayet Ifrah	124	43	2	6
Dayet 'Awa	446	101	7	14
Aguelmam Abekhane	100	100	1	1
Aguelmam Afourgagh	180	86	5	5
Aguelmam Wiwane	13	10		5
Plan d'eau de Zerrouka	86	37	4	14
Plans d'eau d'Amghass	58	17	1	4

Parmi ces lacs, sept se caractérisent par des effectifs moyens régulièrement élevés et par conséquent correspondent à des sites d'importance internationale pour l'hivernage de cette espèce (Sidi Ali, Afennourir, Tifounassine, Ifrah, Awa, Wiwane, Zerrouka et Amghass. Deux autres lacs Abekhane et Afourgagh correspondent à des sites potentiels d'importance internationale (Tableau 34).

9- Foulque macroule *Fulica atra*

La Foulque macroule est une espèce qui niche et hiverne régulièrement sur les lacs naturels du Moyen Atlas. A chaque hiver, des contingents très importants, d'hivernants viennent s'ajouter aux populations locales nicheuses pour y hiverner. Durant la période 1983-2000 la plupart des lacs ont abrité cette espèce en hivernage comme en pleine période de reproduction. Les effectifs des hivernants fluctuent dune année à l'autre.

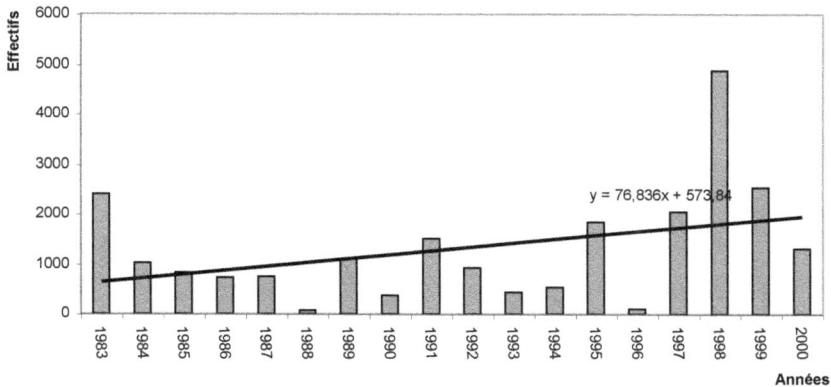

Figure avec droite de régression : $y = 76,836x + 573,84$

Figure 101 : Evolution des effectifs du Foulque macroule Fulica atra en Hivernage dans les lacs du Moyen Atlas

Une analyse de l'histogramme d'évolution des effectifs des hivernaux montre une nette tendance progressive de la taille moyenne de cette population (Figure 101). L'espèce semble avoir déserté un grand nombre de lacs, suite aux fortes sécheresses que le Maroc a connues. Ces dernières années, l'espèce a commencé à faire des lacs des zones d'hivernage et de reproduction très sollicitées ; les effectifs élevés enregistrés ces dernières années en témoignent (1381 ind. à Sidi Ali en janvier 1998, 1080 ind. à Afennourir durant l'hiver 1997, 1230 ind. à Tifounassine en 1998 et 853 ind. à Dayet Awa en janvier 2000).

Aucun site ne possède une importance internationale pour cette espèce (Tableau 35).

Dans la mesure où aucune estimation de l'effectif moyen national n'est disponible, on ne peut se prononcer sur une classification des sites d'importance nationale. Toutefois les lacs Afennourir, Tifounassine, Awa, Sidi Ali, Ifrah et Abekhane seront considérés comme des sites d'importance majeure pour l'hivernage et la reproduction de cette espèce.

113

Tableau 35 : Principaux sites d'hivernage de la Foulque macroule *Fulica atra*

| Site | PHR NW Europe/ Mer noire/Méditerranée
EPHR = 1750 000   EMN= 15600
NSR1% = 17500   NSN1%= 0 | | | |
	MAX 18	EM18	NFRS1%	**NFNS1%**
Aguelmams Sidi Ali	1500	540		
Aguelmam Afennourir	1080	433		
Aguelmam n'Tifounassine	1230	219		
Dayet Ifrah	261	117		
Dayet 'Awa	1342	287		
Aguelmam Abekhane	1049	302		
Aguelmam Afourgagh	400	0		
Aguelmam Wiwane	73	40		
Plan d'eau de Zerrouka	130	61		
Plans d'eau d'Amghass	78	36		

C- Conclusion

L'analyse de l'hivernage des huit espèces caractéristiques des lacs du Moyen Atlas, sur la période 1983-2000, montre que les zones humides du Moyen Atlas jouent un rôle non négligeable dans leurs cycles migratoires. En tant que support écologique, ces lacs offrent de la nourriture suffisante et une disponibilité en eau de bonne qualité, favorisant l'hivernage de ces espèces et ce d'une manière régulière. Suite aux fortes sécheresses et aux sévères conditions climatiques vécues au Maroc au cours de ces deux dernières décennies, beaucoup d'espèces ont déserté les lacs du Moyen Atlas et leurs effectifs d'hivernants ont diminué considérablement. Ceci s'est traduit par l'assèchement d'un bon nombre de zones humides et par une forte réduction de la superficie en eau dans les autres zones humides.

Cependant, suite à l'amélioration des conditions climatiques de ces dernières années, on a noté un regain d'intérêt des lacs du Moyen Atlas pour ces espèces dont les effectifs d'hivernants se sont accrus de manière significative.

L'application du critère d'identification des zones humides d'importance internationale (Critère 6 de la convention Ramsar) a permis de sélectionner six lacs ayant le caractère de sites d'importance internationale (Afennourir, Sidi Ali, Tifounassine, Ifrah, Awa et Zerrouka). Ces zones humides ont été identifiées grâce à deux espèces, le Tadorne casarca *Tadorna ferruginea* pour les quatre premiers lacs et la Foulque caronculée *Fulica cristata* pour l'ensemble des six lacs.

Les sites Azegza, Afourgagh et Wiwane ont abrité, au moins une fois durant la période 1983-2000, ces deux espèces avec un effectif dépassant les seuils internationaux, par conséquent, elles sont considérées comme des sites potentiels d'importance internationale pour ces deux espèces. Les perturbations, d'origine anthropique et climatique, auxquelles sont sujettes ces zones humides sont en partie responsables de la baisse de leur intérêt ornithologique.

L'application du critère 1% de la moyenne nationale à ces espèces d'oiseaux caractéristiques des lacs du Moyen Atlas, a permis d'identifier neuf lacs d'importance nationale pour leur hivernage.

Les lacs Afourgagh et Azegza correspondent à des sites potentiels d'importance internationale et nationale.

Les seuls lacs qui n'ont manifesté aucun intérêt ornithologique durant la période 1983-2000, sont les Aguelmams Iffer et Tiguelmamine. Leurs situations au milieu de cuvettes creuses (dolines), aux rives abruptes dépourvues de zones ripicoles et entourées par des forêts denses sont probablement responsables de la désertion de ces lacs par les oiseaux.

VIII LES LACS DU MOYEN ATLAS : ZONE D'INTERET MAJEUR POUR LA CONSERVATION DE LA BIODIVERSITE

A- Introduction

Les lacs naturels du Moyen Atlas, en plus de leur valeur ornithologique très importante, remplissent d'autres fonctions écologiques primordiales pour la conservation de la biodiversité, sans compter d'autres intérêts à développer immédiatement ou dans un proche avenir : Ecotourisme, sensibilisation et formation de la population au respect et l'appréciation des richesses naturelles de ces écosystèmes.

Cependant, les plus grandes valeurs écologiques de ces écosystèmes lacustres s'expriment à travers leurs composantes biologiques : des centaines d'espèces animales et végétales ont établi dans chaque lac un réseau trophique complexe assurant un fonctionnement équilibré et durable de la biocénose.

Dans le but de mettre en exergue les principales valeurs écologiques de ces zones humides, nous proposons de dresser un premier inventaire des Invertébrés, des Poissons, des Reptiles, des Amphibiens et des Mammifères associés à ces écosystèmes limniques. Cet inventaire n'est pas forcément exhaustif, mais il a le mérite de constituer une référence de départ pour orienter les recherches vers des inventaires plus complets.

B- Méthodologie

Nos nous sommes basés pour l'élaboration de cet inventaire d'une part sur une compilation bibliographique des travaux de recherches qui se sont intéressés à la faune des lacs et d'autre part sur un effort d'échantillonnage personnel des différents groupes systématiques.

Le moyen le plus adéquat pour la récolte des Invertébrés aquatiques et sus-aquatiques demeure le filet troubleau. Ainsi, des prélèvements quantitatifs et qualitatifs ont été effectués dans les différents lacs pour dresser un inventaire faunistique le plus complet de chaque station.

Pour récolter le zooplancton, nous avons opté pour une méthode adoptée par de nombreux auteurs notamment Champeau (1970) et Ramdani (1986). Le mode opératoire consiste à traîner le filet à plancton en soie à bluter (diamètre de l'ouverture : 15 cm, profondeur: 25 cm, diamètre des mailles 0.05 mm) en deux temps dans différentes parties de chaque point de prélèvement.

Les échantillons récoltés sont fixés dans de l'alcool à 70° pour une analyse systématique au laboratoire.

Pour la faune ripicole, nous avons adopté la même technique d'échantillonnage utilisée par Gautier (1977) et Maachi (1995), et qui consiste à prélever des invertébrés dans un carré métallique d'une surface bien déterminée et constante. La faune est capturée à l'aide d'un aspirateur à bouche ou d'une pince souple puis fixée dans de l'alcool à 70°.

Pour l'étude de la malacofaune dulcicole, des prélèvements de spécimens ont été effectués soit manuellement où au filet au niveau des rives du lac.

Des prélèvements qualitatifs complètent les prélèvements quantitatifs dans la mesure ou ils permettent de récolter les espèces rares et d'avoir une idée relativement complète de la richesse spécifique du peuplement.

Au laboratoire, la faune prélevée sur le terrain est triée sous une loupe binoculaire. Les espèces sont déterminées et dénombrées. Une identification préliminaire est faite grâce aux différentes clés qui existent à l'institut Scientifique de Rabat ; elle est souvent suivie par une vérification à l'aide des collections de ce même Institut. Toutefois plusieurs précisions ou confirmations d'identifications ont été confiées à des spécialistes.

Pour les Poissons, les Amphibiens, les Reptiles et les Mammifères, nous avons opéré des reconnaissances directes sur le terrain ou à partir des données bibliographiques.

C- Résultats

C1-Valeur piscicole et Astacicole des zones humides du Moyen Atlas

La faune ichtyologique autochtone des zones humides du Moyen Atlas est relativement pauvre, composée essentiellement d'un Salmonidé (*Salmo macrostygma*), de trois Cyprinidés (*Labeobarbus reini* et *Varicorhinus maroccanus*) et d'un Cobitidae *Cobitis maroccana*, dans l'Oued Guigou, près de Sidi Ali, endémiques nord-africains ou ouest-méditerranéens (Dakki 1997). Pour développer la pêche sportive et promouvoir la valeur piscicole de ces zones humides, l'administration chargée de la gestion de ces milieux a effectué une série de déversements de poissons. Ainsi, ces milieux font l'objet d'une importante activité de pêche et de déversements réguliers de poissons allochtones, l'introduction de ces derniers, démarrée en 1921, a concerné une trentaine d'espèces (Tableau 36) d'origine européenne et nord-américaine (Farhouat 1975 et Mouslih 1987) dont une quinzaine sont encore acclimatées aux eaux des lacs moyen-atlasiques.

117

Certaines introductions auraient été à l'origine de la disparition des populations autochtones. Le cas de la truite *Salmo fario v. pallaryi,* jadis très abondante dans les lacs Sidi Ali et Tiguelmamine (Vivier 1948), en est un exemple très frappant, sa disparition serait conséquente de l'introduction des Cyprinidés dans ces deux lacs.

Tableau 36 : Liste des espèces de poissons introduites dans les zones humides du Moyen Atlas (*les espèces en caractères gras sont encore acclimatées*).

Fam. des SALMONIDES	Fam. des CYPRINIDES
Salmo gairdneri **(Truite arc-en-ciel)**	Cyprinus carpio **(Carpe commune)**
Salmo trutta fario **(Truite de rivière)**	*Rutilus rutilus* **(Gardon)**
Salmo kamloops (Truite de rivière)	*Scardinius erytrophtalmus* **(Rotengle)**
Salmo klarkii (Truite de rivière)	*Phoxinus phoxinus* (Vairon)
Salmo trutta letnica (Truite de lac)	*Tinca tinca (*Tanche)
Salvelinus alpinus (Omble chevalier)	*Ctenopharyngodon idella* **(Carpe chinoise amour blanc)**
Hucho (Salvelinus) hucho (Huchon)	*Hypophtlmichthys molitrix* **(Carpe chinoise argentée)**
Salvelinus fontinalis (Saumon de fontaine)	*Aristichtis nobilis* **(Carpe chinoise grosse tête)**
Thymallus thymallus (Ombre commun)	Fam. des POECILIDES
Fam. des ESOCIDES	*Gambusia affinis* **(Gambusie)**
Esox lucius **(Brochet européen)**	Fam. des CENTRARCHIDES
Esox masquinony (Brochet américain)	*Micropterus salmoides* **(Black-bass à grande bouche)**
Esox niger (Brochet américain)	*Lepomis gibbosus* **(Perche soleil)**
Fam. des PERCIDES	*Pomoxis annularis* (Calico-bass)
Perca fluviatilis **(Perche)**	
Stizostzedion lucioperca **(Sandre)**	

La composition spécifique des populations actuelles (Tableau 37) permet d'envisager une subdivision des lacs étudiés en trois types :

- **Les lacs Cyprino-esoxiens :** Aguelmam Sidi Ali, Aguelmam Afourgagh, Dayet Awa, Aguelmam Tifounassine, Aguelmam Afennourir, Aguelmam Wiwane et Aguelmam Azegza.

- **Les lacs Cyprino-perchiens** : Dayet Iffer, Dayet Ifrah et Tiguelmamine

- **Les plans d'eau à truite** : Plans d'eau d'Amghass et de Zerrouka

Cette classification reste toutefois biaisée dans la mesure ou la faune piscicole n'est pas autochtone ; un classement des lacs selon l'ichtyofaune présuppose de celle-ci son caractère naturel (Mouslih *et al.*, 1994). Toute fois, d'une manière générale, on note les effets bénéfiques pour la pêche sportive de l'introduction de la truite arc-en-ciel, de la Perche, du Sandre, du Brochet et du Black-bass sans oublier l'intérêt des espèces utilisées en lutte biologique comme la Gambusie et la Carpe commune. Les effets négatifs de ces introductions résideraient principalement dans l'exclusion compétitive des Salmonidés autochtones par les Cyprinidés.

Tableau 37 : Peuplement ichtyologique et astacicole des lacs du Moyen Atlas :

Nom du Lac	Peuplement piscicole	Peuplement astacicole
Aguelmam Afennourir	Br- Ca	-
Aguelmam Sid Ali	Br- Sa- Pe- Ca- Ro- Ga	E.a.
Aguelmam Azegza	Br- Pe- Ta- Ca- Ro- Ga	E.a.
Dayet Awa	Br- Sa- Pe- Ca-Ro-Ta- Gf	E.a.
Aguelmam n'Tifounassine	Ga-- Pe- Ro- Ta-Ca	-
Aguelmam Wiwane	Br- Pe- Ca-Ro- Ga	E.a.
Tiguelmamine	Bb- Ro-Ca	E.a.
Aguelmam Iffer	Bb- Pe- Ta- Ro	E.a.
Aguelmam Ifrah	Sa-Pe- Ca- Ro- Gf-Br	E.a.
Aguelmam Afourgagh	Br- Ca- Ro - Gf	E.a.
Plan d'eau Zerrouka	Ta	E.pr.
Plan d'eau Amghass	Ta- Tf	-

Salmo gairdneri (Truite arc-en-ciel) : Ta.   *Salmo trutta* (Truite fario) : T.f
Esox lucius (Brochet européen) : Br   *Cyprinus carpio* (Carpe commune) : Ca
Rutilus rutilus (Gardon) : Ga   *Scardinius erytrophtalmus* (Rotengle) : Ro
Tinca tinca (Tanche) : Ta   *Gambusia affinis* (Gambusie) : Gf
Micropterus salmoides (Black-bass) : Bb   Perca fluviatilis (Perche) : Pe
Stizostzedion lucioperca (Sandre) : Sa   *Astacus astacus*(Ecrevisse à pattesrouges) : E.pr
Orconectes limosus (Ecrevisse américaine) : Ea

La faune astacicole des lacs, entièrement allochtone, se compose de deux espèces d'écrevisses : l'Ecrevisse à pattes rouges *Astacus astacus* et l'écrevisse américaine *Orconectes limosus*. Cette dernière a été acclimatée avec succès dans plusieurs lacs naturels (Tableau 37) alors que l'Ecrevisse à pattes rouges a donné lieu à une population prospère dans la rivière de Tizguit (Ifrane) et dans les deux plans d'eau de Zerrouka. Cette espèce est classée actuellement comme espèce vulnérable dans le livre rouge de l'union internationale pour la conservation de la nature IUCN suite aux épidémies d'aphanomycose en Europe (Melhaoui, 1994).

C2-Valeur HerPétologique des zones humides du Moyen Atlas

Par rapport aux autres pays méditerranéens, le Maroc possède la faune herpétologique la plus riche et la plus diversifiée, elle est composée de 103 espèces dont 92 Reptiles et 11 Amphibiens. Le Maroc recèle également le taux d'endémisme le plus élevé (2 Amphibiens et 21 Reptiles soit près de 20% de son herpétofaune. La chaîne du Moyen Atlas abrite également une richesse importante en matière de biodiversité herpétologique. On relève 9 espèces d'Amphibiens et 38 espèces de Reptiles. Les Reptiles les plus menacés sont la Tortue grecque (*Testudo graeca*) et le Caméléon commun (*Chamaeleo chamaeleo*). Ces animaux subissent une grande persécution humaine. Ils sont très recherchés pour leur utilisation en médecine traditionnelle ou commercialisés en guise de souvenirs touristiques.

Parmi les Batraciens qui sont directement liés aux eaux des lacs du Moyen Atlas on a :

Fam. des Discoglossidés

-*Discoglossus pictus* Otth : Espèce peu abondante dans les étages bioclimatiques subhumide et humide. Des individus ont été signalés dans les lacs Abekhane, Ifrah et Tifounassine

Fam. des Bufonidés

-*Bufo mauritanicus* Schlegel : Ce Crapaud de Mauritanie est répandu et très abondant dans tous les lacs du Moyen Atlas. Il investit en effet la plupart des points d'eau et des oueds.

-*Bufo bufo spinosus* Linné : Au Maroc, la répartition de ce grand crapaud commun est très localisée, il a été capturé dans quelques localités de montagne jusqu'à 2650 m d'altitude (Dubois 1982, Chillasse 1990). L'espèce a été signalée dans presque tous les lacs du Moyen Atlas à l'exception d'Aguelmam Abekhane.

-*Bufo viridis* Laurenti : Ce Crapaud vert a été signalé au niveau des lacs Tifounassine, Afourgagh, Iffer, Awa, Ifrah et Zerrouka.

Fam. des Hyllidés

Hyla meridionalis Boettger : La Rainette méridionale est très répandue sur toutes les zones humides du Moyen Atlas.

Fam. des Ranidés :

-*Rana saharica* Boulenger : La grenouille verte est présente dans la quasi-totalité des points d'eau du Moyen Atlas. L'espèce abonde dans les lacs peu profonds, présentant une végétation flottante dense.

Les Reptiles directement inféodés aux zones humides du Moyen Atlas sont peu diversifiés, nous avons pu recenser 2 espèces réparties entre 2 familles :

Fam. des Emydidés

-*Mauremys leprosa* (Schweigger), Emyde lépreuse : les deux lacs où l'espèce a été signalée sont Tiguelmamine et Iffer. Il semble que cette espèce a été combattue dans certains lacs dans la mesure où elle porte un grand préjudice aux alevins de poissons.

Fam. des Colubridés

-*Natrix maura* (Linné), la couleuvre vipérine : C'est un serpent étroitement lié à l'eau. C'est presque l'un des serpents les plus abondants puisqu'on le rencontre dans presque tous les lacs et les points d'eau du Moyen Atlas.

Sur les bords des lacs, nous avons enregistrés la présence de plusieurs espèces de Reptiles terrestres indirectement liés aux lacs et qui viennent s'alimenter ou se rafraîchir sur leurs bords :

- *Agama bibronii,* Duméril & Duméril, Agame de Bibron : fréquent dans les biotopes rocheux ou caillouteux des environs des lacs Abekhane, Azegza, Sidi Ali et Wiwane.

- *Lacerta pater* Lataste, Lézard ocellé d'Afrique du Nord : Observé surtout dans les environs des lacs entourés par des forêts de chêne vert (Azegza, Wiwane, Iffer, Tiguelmamine et Abekhane).

- *Podacris hispanic,* (Steindachner), Lézard hispanique : Ce lézard a été signalé presque dans toutes les bordures des lacs du Moyen Atlas.

- *Acanthodactylus erythrurus* (Schinz), Acanthodactyle commun : Il se répartit sur l'ensemble du Moyen Atlas.

- *Chalcides montanus* Werner, Seps montagnard : Espèce endémique marocaine localisée dans les chaînes du Moyen et du Haut Atlas (Bons & Geneiz 1996) ; sa présence a été mentionnée sur les rives de Dayet Awa, Dayet Ifrah et Aguelmam Abekhane.

- *Ophisaurus koellikeri* (Gunther), L'Orvet du Maroc : C'est le seul Anguidé connu sur le continent africain. Endémique du Maroc, les seuls endroits où l'espèce a été signalée sont par excellence le Plan d'eau de Zerrouka, les plans d'eau d'Amghass et Dayet Awa.

- *Natrix natrix,* (Linné), : La Couleuvre à collier : Espèce rare sur le territoire national. Elle a été reconnue près des lacs Azegza, Tiguelmamine, Iffer, Sidi Ali, Wiwane et Tifounassine. Elle vit près des points d'eau où elle cohabite le plus souvent avec la Couleuvre vipérine (*Natrix maura*), chassant des amphibiens qui constituent la majeure partie de son alimentation (Bons & Geneiz, 1996).

- *Vipera monticola* Saint Girons, La vipère de l'Atlas : C'est un endémique rare du Maroc, connu du Haut et du Moyen Atlas (Geneiz *et al.* 1992). Le seul endroit où nous avons signalé la présence de cette espèce reste les sources d'Oum-er-Bia. Les témoignages de plusieurs agents forestiers indiquent la présence de petites vipères dans les montagnes qui entourent Aguelmam Azegza et Tiguelmamine.

C3-Valeur Mammalogique des zones humides du Moyen Atlas

La zone humide du Moyen Atlas, en tant qu'abreuvoirs permanents, ont joué un rôle prépondérant dans le maintien d'une faune mammalogique très diversifiée et importante. Cependant, suite aux fortes sécheresses que le Maroc a connues, plusieurs espèces de Mammifères se sont trouvées menacées d'extinction. Ces changements climatiques ont accéléré le rythme du tarissement de plusieurs points d'eau et le captage de sources suite au phénomène d'anthropophisation galopante de ce massif montagneux.

Parmi les espèces des grands mammifères fréquentant les environs des zones humides on a :

- *Lutra lutra* (Linné), la loutre : C'est le plus aquatique des Mammifères continentaux du Maroc. L'espèce était signalée dans l'ensemble des cours d'eau permanents et certains lacs du Moyen Atlas. Depuis une vingtaine d'année, cet animal semble avoir disparu de l'ensemble des lacs. Les deux endroits où on continue à signaler cette espèce sont : est une portion, riche en végétation riveraine et en buissons, de la rivière d'Oum-er-Bia à une dizaine de kilomètre des sources et les plans d'eau d'Amghass.

- *Canis aureus* Linné, Le Chacal : C'est une espèce commune dans les forêts du Moyen Atlas. Elle a été observée sur les bords de plusieurs lacs plusieurs reprises. Si l'espèce arrive à se maintenir dans l'ensemble du territoire, il importe de souligner que ses populations ont remarquablement régressé pendant les dix dernières années à cause des campagnes d'empoisonnement et en raison des battues de destruction.

- *Macaca sylvanus* (Linné), Le Magot : Espèce de singe endémique de l'Afrique du Nord.

Il rejoint les zones humides essentiellement pour s'abreuver. Les lacs où on a noté la présence de l'espèce sur les rives ou aux alentours sont : Aguelmams Azegza, Tiguelmamine, Wiwane et d'Iffer. Durant ces dernières années, les populations de singe magot ne cessent de régresser et ce à cause de la dégradation des massifs forestiers et des dérangements provoqués par le surpâturage et la présence excessive et abusive de son principal concurrent l'homme.

-*Sus scrofa* Linné, le Sanglier : Nous avons signalé la présence de nombreux sangliers qui affectionnent certains plans d'eau pour se désaltérer. Son régime alimentaire est à base de glands de tiges, des feuilles, des œufs et même des petits mammifères (Aulagnier et Thevenot, 1986).

- *Genetta genetta* Linné, La Genette : Espèce très répandue dans les environs des lacs du Moyen Atlas. De mœurs essentiellement nocturnes, ce Viverridé passe la journée dans un tronc d'arbre creux ou entre les rochers. Le soir la Genette peut descendre aux bords des lacs pour surprendre et chasser des Canards et autres oiseaux d'eau.

C4-Valeur de conservation de la faune d'Invertébrés aquatiques

1-Les Mollusques

Malgré le rôle écologique très important joué de ce groupe au niveau du fonctionnement de ces écosystèmes lacustres, la faune malacofaune dulcicole du Moyen Atlas reste peu étudiée. Les deux principales références dans ce domaine sont celle de Bouka (1993) et de Ghamizi (1998).

Cependant, cette faune remplit des fonctions écologiques très importantes :

-Elle prend une part active aux phénomènes de sédimentation et d'épuration des eaux (Bouka 1993).

-Elle sert de nourriture à la fois à de nombreux Invétérés tel que les Diptères Sciomyzidés et les Vertébrés tel que les Poissons, les Oiseaux et les Mammifères (Mouthon 1980)

-Elle intervient, en tant que hôte intermédiaire, dans le cycle de plusieurs trématodes parasites qui terminent leur cycle de développement chez les vertébrés.

La détermination des taxons a été établie en se référant aux travaux de Vandamme (1984), Kharboua (1988), Ramdani *et al* (1987) et Ghamizi (1998).

-Classe des Gastéropodes

Sous-classe des Pulmonata

Fam. des Lymnaeidés

> *-Lymnaea stagnalis* : (Linné) : L'espèce préfère les eaux stagnantes ou à faible courant. Des spécimens ont été retrouvés sous forme de coquilles vides aux bords de, Aguelmams Afennourir, Afourgagh, Abekhane, Iffer, Dayet Ifrah et Dayet Awa.

> *-Lymnaea peregra* : (Muller) : Très commune dans les lacs : Afennourir, Wiwane, Azegza, Sidi Ali, Tifounassine, Tiguelmamine et Afourgagh.

Fam. des Planorbidés

> *-Planorbarius metidjensis* : (Forbes) : Cette espèce préfère les plans d'eau ou abonde le Potamogeton. L'herbier aquatique dense et d'une hauteur inférieur à 1 m et les berges des dayas ou des retenus d'eau alimentées en permanence par des sources sont des biotopes ou pullule cette espèce (Ghamizi, 1998). Des individus ont été récoltés

dans les lacs Wiwane, Afennourir, Tifounassine, Sidi Ali (plaine de Ta'anzoult), Ifrah, Amghass et Zerrouka.

-*Gyraulus laevis* : (Alder) : La présence de cette espèce a été confirmée au niveau des lacs : Afennourir, Ifrah, Awa, Tifounassine et Iffer.

-*Gyraulus crista* : (Linné) : Abonde dans les lacs envasés et riches en végétation, Afennourir, Awa, Ifrah et Tifounassine.

-*Anisus spirorbis* : (Linné) : L'espèce a été retrouvé dans le petit lac Ahouli près d'Aguelmam Wiwane (Bouka, 1993).

-*Hippeutis complanatus* (Linné) : Des individus accrochés à la végétation hygrophile sur le bord d'Aguelmam n'Tifounassine ont été récolté par Bouka (1993).

Fam. des Physidés

-*Physa acuta* : (Draparnaud) : Abonde dans de nombreux lacs du Moyen Atlas, elle a été signalée à Tifounassine, Wiwane, Azegza, Tiguelmamine, Afennourir, Sidi Ali, Zerrouka, Amghass, Iffer et Ifrah.

Fam. des Ancylidés :

-*Ancylus fluviatilus* : (Muller) : L'espèce a été mentionnée dans les lacs Afennourir, Tifounassine, Wiwane, Ifrah, Iffer, Azegza, Tiguelmamine et Abekhane.

-*Ancylus strictum* : (Morelet) : Nous n'avons pu observer cette espèce dans les lacs naturels du Moyen Atlas. Les informations dont on dispose nous proviennent d'Aguelmam n'Tifounassine et Ifrah (Ghamizi 1998).

Fam. des Succineidés

-*Succinea debilis* : (Morelet) : L'espèce vit accrochée aux brins des plantes hygrophiles, elle est de mœurs terrestres mais un environnement humide est indispensable pour sa survie, elle a été notée dans les lacs Afennourir, Tifounassine, Awa, Wiwane, Ifrah, Amghass et Zerrouka.

-Classe des Lamellibranches

Ord. Eulamellibranches

Fam. des Sphaeriidés

-*Pisidium sp* Pfeiffer : Espèce de Bivalve mentionnée dans les lacs Tifounassine et Sidi Ali (Bouka 1993).

2-Les Arthropodes (Crustacés et Insectes)

Les études des peuplements d'Invertébrés aquatiques ou ripicoles sont peu abondantes, et nos connaissances sur l'écologie et la biologie de ces lacs sont très limitées. Malgré le fait que ces milieux apparaissent comme un excellent champ d'investigations en Biogéographie et en Systématique, leur faune et leur flore ne sont connues que de manière très sectorielle et fragmentaire, excepté quelques groupes d'Invertébrés : Crustacés entomostracés (Copépodes, Cladocères et Ostracodes) (Ramdani 1986), Coléoptères aquatiques et ripicoles de certains lacs du Moyen Atlas (Aouad 1984, Maachi 1995), Hétéroptères (Gheit 1994). Aucune parmi ces études ne couvre l'ensemble des lacs du Moyen Atlas.

Cependant, les zones humides du Moyen Atlas constituent des sites de repos, de reproduction et de nutrition de plusieurs espèces de Vertébrés. Ainsi Chillasse (1990) et Rihane (1990), en étudiant respectivement les régimes alimentaires des Amphibiens et des Oiseaux, ont constaté qu'ils sont composés en grande partie, d'Invertébrés aquatiques, Insectes Coléoptères, Crustacés et Mollusques

La faune d'invertébrés inféodés directement aux eaux des lacs du Moyen Atlas, à l'instar de celle du pays, est relativement réduite, elle ne compte qu'environ 300 espèces et sous espèces réparties entre 74 familles. (Voir annexes).

Les raisons de cette pauvreté sont encore mal cernées dans leur totalité bien que plusieurs hypothèses aient été avancées à ce sujet, mettant en cause à la fois l'évolution paléobiogéographique (Insularité, sécheresse de la fin du tertiaire, fluctuations climatiques quaternaires), les récents impacts humains et les sécheresses répétées des eaux continentales du pays (Dakki 1987, Dakki & El Agbani 1995).

Une analyse de la Faune globale vivant dans les lacs du Moyen Atlas (Figure 102) montre que celle-ci est dominée par les Invertébrés. Les Insectes, avec 247 espèces et sous- espèces, représentent 68% de cette faune. Les Coléoptères ripicoles et aquatiques totalisent à eux seuls plus de 42 %. Les Oiseaux d'eau ne représentent que 7 % de l'ensemble de la faune aquatique. Les autres catégories faunistiques à savoir les Crustacés, Les Poissons, les Mollusques, les Amphibiens et les Reptiles représentent respectivement les pourcentages suivants : 9,6%, 4%, 3.3%, 2,2%.

Rappelons que plus de 95% du peuplement Ichtyologique actuel est d'origine allochtone.

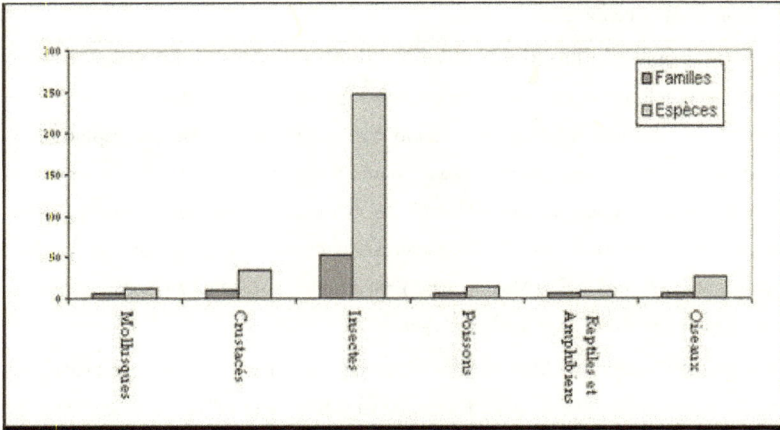

Figure 102 : Catégories faunistiques des lacs du Moyen Atlas

C5-Une faune aquatique riche en endémiques

Le Moyen Atlas occupe une place privilégiée parmi les régions marocaines d'intérêt majeur pour la conservation de la biodiversité des zones humides, sachant que celles-ci hébergent en exclusivité plus du quart de la faune aquatique endémique du pays (Dakki, 1997). En effet, elle compte environ 140 taxons, dont le tiers (53 espèces) existent dans le Moyen Atlas (Tableau : 38). La majorité de ces endémiques sont des Insectes (33 espèces reparties principalement entre les Trichoptères, les Diptères et les Coléoptères), suivis par les Crustacés (sept espèces, partagées entre Copépodes, Anostracés et Amphipodes), puis par les Poissons, parmi lesquelles figurait une truite, *Salmo pallaryi*, endémique du lac Sidi-Ali et Tiguelmamine qui s'est éteinte suite à des déversements de carpes dans ces lacs.

Parmi la faune aquatique du Moyen Atlas, quelque 70 espèces sont considérées comme rares ou menacées de disparition, y compris les 53 taxons endémiques. Ce chiffre est probablement en augmentation vu la gravité des menaces représentées par les perturbations hydrauliques, la pollution, les activités de loisirs, etc....

Tableau 38 : Faune aquatique endémique des zones humides du Moyen Atlas (Chillasse & Dakki, 2004).

MA	Moyen Atlas	LH :	Lacs de haute altitude
AA	Anti Atlas	CFR :	Rapides froids supérieurs
R	Rif	CC :	cours d'eau chaude
HA	Haut Atlas	DS	Dayas salées
MN	Maroc atlantique nord	CFI	ruisseaux lents de montagne
OP	Plateau du Maroc oriental	SFL	Sources fraîches Limnocrènes
MM	Maroc atlantique moyen	DD	Dayas d'eau douce
P	Eaux phréatiques	CF	Cours d'eau frais
CFL	Ruisseaux lents de montagne	AB	lacs de barrage
CC	Cours d'eau chaud	SC	Sources chaudes

126

Ordres et Familles	Genres et Espèces	Distribution géographique	Habitats préférés
O. Triclades			
Fam. Dendrocoelidae	*Acromyadenium maroccanum*	MA	SF, P
O. Anostracea			
Fam. Branchipodidae	*Tanymastigites brieki*	MA	DDH
	Tanymastigites jbiletica	MA, AA, MM	DD, DS
O. Copepoda			
Fam. Cyclopidae	*Eucyclops hadjebensis*	MA, HA, R	CC
Fam. Diaptomidae	*Mixodiaptomuslaciniatus atlantis*	MA, HA	LH, CFL, DD
O. Amphipoda			
Fam. Gammaridae	*Gammarus acalceolatus*	MA	LH CFL
	Gammarus microps	MA	PG
	Gammarus rouxi	MA	CF
O Hydracarina			
Fam. Hydryphantidae	*Protzia brevipes*	MA	CC
Fam. Hygrobatidae	*Hygrobates paucidentis*	MA	CC
	Megapus angulatus	MA	SF
Fam. Aturidae	*Aturus convergens*	MA	CC
O.Ephemeroptera			
Fam. Heptageniidae	*Rhithrogena ayadi*	MA	CFR
	Rhithrogena ryszardi	MA	CFR
	Ecdyonurus ifranensis	MA	CF
Fam Leptophlebiidae	*Choroterpes volubilis*	R, MA, HA	CC
O. Odonata			
Fam. Gomphidae	*Gomphus simillinus maroccanus*	MA, R, MN, MM	LH, CFL,CC
Fam. Cordulegasteridae	*Cordulegaster princeps*	MA, HA	CFL, CFR
O. Trichoptera			
Fam. Rhyacophilidae	*Rhyacophila munda oreina*	R, MA, MN, HA	CF,CC
Fam. Glossosomatidae	*Agapetus dakkii*	MA	CF
	Agapetus dolichopterus	MA, MM, HA	CFR, SFR
Fam.Hydroptilidae	*Hydroptila mendli mendli*	HA, MA	CC
Fam Hydropsychidae	*Hydropsyche fezana*	HA, MA	CC, SC
	Hydropsyche resmineda	R, MM, MA, HA	CC, LH
	Cheumatopsyche atlantis	MN, MA, OP	CC
Fam. Polycentropodidae	*Pseudoneureclipsis Maroccanus*	R, MN, MA, HA	CC, SC
	Cyrnus maroccanus	MA	CC, LH
Fam. Psychomyidae	*Tinodes maroccanus*	MA, MN	CC, SC
Fam. Leptoceridae	*Sestodes zerroukii*	MA, HA	SC, CC
	Leptocerus maroccanus	MA, HA	CC
	Athripsodes taounate	MA	CC
	Triaenodes laamii	R, MA	CC
	Setodes acutus	MAR, MA, MN, HA	CC
O. Diptera			
Fam. Ceratopogonidae	*Culicoides landouae*	MA	CF
Fam. Ephydridae	*Hydrellia atlas*	MA	LH
	Discorina mauritanica	MA, R	LH, CF
	Parydra flavitarsis	R, MN, MA	LH
O. Coleoptera			
Fam. Dytiscidae	*Graptodytes atlantis*	MA	CFL
	Stictonectes azruensis	MA	CFL
	Elmis atlantis	MA	SFR, CFR
Fam. Elmidae	*Esolus bicuspidatus*	MA	CFL
	Esolus theryi	MA	CFR
	Limnius opacus liovillei	MA	CFR, CFL
Fam.Hydraenidae	*Ochtebius griotes*	MA, R	CF, CC
	Ochtebius merididicus	MA	CC
	Ochtebius perpusillus	MA	SF
	Ochtebius salinator lanarotis	MA	CFL
O. Salmoniformes			
Fam des Salmonidae	*Salmo pallaryi (disparue)*	MA	LH
O. Cypriniformes			
Fam. Cobitidae	*Cobitis taenia maroccana*	MA, MN	CC, CFL
Fam. Cyprinidae	*Barbus magniatlantis*	MA, HA, OP	CC
	Barbus moulouyensis	MA, HA, OP	CC
	Barbus nasus	MM, MA	CC

C6-Valeurs culturelles et socio-économiques

La présence des Hominidés dans le Moyen Atlas remonte au début du Pléistocène, date à laquelle ont été rapportés des ossements humains trouvés près d'un cours d'eau de la région d'El Hajeb et dont la morphologie évoque celle de l'*Homo erectus* (Gerards *et al*. 1992). Des pierres taillées, des restes de peintures rupestres et d'édifices archéologiques trouvés au voisinage de lacs et de rivières témoignent de cultes développés aux alentours de ces zones humides (Ayach 1964, Camps 1960).

La majorité des zones humides du Moyen Atlas sont ainsi inscrites comme des sites classés historiques et/ou naturels selon la nomenclature du Ministère de la Culture (Tableau 39).

Actuellement, les activités humaines liées aux zones humides se sont bien diversifiées, avec une nette prédominance du parcours. L'élevage d'ovins et de caprins, activité ancestrale très répandue dans le Moyen Atlas et représentant pour certains foyers la seule ressource économique, se faisait dans cette région selon un rythme saisonnier (transhumance) ou de semi-nomadisme. Actuellement, on constate une tendance à l'abandon de ces déplacements, au dépens de l'élevage intensif des bovins au niveau des piémonts et à proximité de certaines zones humides.

Tableau 39 : Inventaire des zones humides classées comme sites naturels (Chillasse & Dakki, 2004).

Nom du Site	Statut	Carte
Aguelmam Sidi Ali	Dahir portant classement du site	Azrou
Plateau des lacs (Plateau d'Ajdir)	Dahir portant le classement du site	Itzer
Aguelmam Azegza	Dahir portant classement du site	Itzer
Aguelmam Afennourir	Site classé (Commune de Ain Leuh)	Ain Leuh
Aguelmam n'Tifounassine	Site classé (Commune de Timahdit	Timahdit
Aguelmam Ajdir	Dahir portant classement du site	Itzer
Lac Wiwane	Arrêté viziriel ordonnant une enquête en vue du classement du site	El Hamam
Tiguelmamine (et Plateau d'Ajdir)	Arrêté directorial ordonnant l'ouverture d'une enquête en vue du classement des sites	Itzer
Dayet 'Awa (lac)	Lac classé (Commune de Dayet awa)	Ifrane
Dayet Hachlaf (lac)	Site classé (Commune de Dayet Awa)	Ifrane
Dayet Ifrah (lac)	Site classé (Commune de Dayet Awa)	Ifrane
Dayet Hachlaf (Tumulus)	Site classé (Commune de Tizguit)	Ifrane
Lac Timlouline (Forteresse de Fazzaza)	Ville historique découverte près du lac Timlouline en 1998	Khénifra

Les cultures irriguées concernent essentiellement le secteur de l'arboriculture fruitière d'altitude ; mais le long de certains oueds de plaine, la culture des légumes, telle que la pomme de terre, prédomine. L'irrigation ne concerne qu'exceptionnellement les cultures de céréales (blé, orge, maïs ...) et de légumineuses, lesquelles sont généralement loin des zones humides.

La pêche sportive est exercée dans de nombreux lacs et aussi au niveau des plans d'eau aménagés spécialement pour cette activité et repeuplés régulièrement en poissons (Truite, Brochet), notamment par la Station de Pisciculture d'Azrou. Par leur qualité piscicole, Les lacs du Moyen Atlas attirent de nombreux pêcheurs de toutes les régions du Maroc.

Le tourisme dans les zones humides constitue une activité des plus prépondérantes et génératrices de revenus pour la population et les communes. Ces milieux attirent en effet, par leur beauté naturelle et leur biodiversité un nombre considérable de touristes nationaux. la création des villes d'Ifrane et d'Immouzer du Kandar (pendant les années 1930) n'avait-elle pas pour objectif, entre autres, de fonder des stations de tourisme de montagne pour familles, pêcheurs et chasseurs. Actuellement, cette activité est pratiquée sous forme de randonnées, d'excursions, de pique-niques, sans oublier la pêche sportive.

Par ailleurs, la plupart des zones humides servent actuellement de support éducatif à des actions de sensibilisation par des ONGs, des chercheurs et des enseignants.

C7-Impacts des activités anthropiques

A l'instar des autres régions du Maroc, le Moyen Atlas a connu une expansion humaine et une diversification des activités socio-économiques qui se font principalement aux dépens des zones humides. En effet, outre les perturbations hydrologiques causées par l'usage croissant des eaux de surface et souterraines à des fins ménagères, ces milieux subissent une forte dégradation (pollution, transformation d'habitats, dérangements de la faune reproductrice : ...) liée principalement à la présence massive et fréquente de touristes, du bétail et de développement de villages à proximité des lacs.

Deux groupes d'activités humaines nous paraissent très défavorables au maintien de la biodiversité aquatique.

Les pompages, les dérivations et le captage des sources, qui ont connu pendant les vingt dernières années une expansion démesurée, liée à l'extension en altitude des activités agricoles mais aussi à l'effet sécheresse, affectent profondément les régimes hydrologiques et thermiques des oueds et des sources. Cet impact se manifeste par une forte baisse des débits (voire des assèchements) et une augmentation relative de la température, ces deux conditions étant difficilement supportées par la majorité des espèces animales inféodées aux ruisseaux de montagne, alors qu'ils provoquent une montée vers l'amont d'espèces de basse altitude. Plusieurs espèces rares ou endémiques des eaux courantes du Maroc disparaissent ainsi progressivement du Moyen Atlas. Les pompages dans les nappes qui alimentent certains lacs (La'nocer, Awa, Afourgagh, Hachlaf, Miami, Afennourir…) ont fortement contribué à la baisse de leur niveau, aboutissant parfois à leur assèchement. Outre leur influence sur la biodiversité, ces impacts réduisent sévèrement les chances de réalisation d'une éventuelle stratégie de mise en valeur au profit de la pêche sportive ou de l'écotourisme.

Les lacs, les rivières, les grandes résurgences et les cascades, considérés comme aires d'estivage privilégiées pour les habitants des grandes villes de la plaine de Saïs, connaissent depuis plus d'un demi-siècle, un important afflux de visiteurs et de campeurs. Lequel afflux a pris durant les deux dernières décennies des dimensions qui en font une source d'impact majeure, en termes de pollution organique, de production de déchets solides, de dégradation des habitats naturels et de dérangement de la faune (oiseaux nicheurs et mammifères). Trois phénomènes essentiels ont contribué à ce type de tourisme :

1-la facilité d'accès au public, assurée depuis le printemps jusqu'à la fin de l'été par un réseau routier qui mène au quasi totalité des sites,

2-le développement par les Communautés locales de petites infrastructures d'accueil (campings, parkings…) et d'un petit commerce qui assure des recettes pendant tout l'été,

3-des "améliorations" de l'attractivité des sites par leur artificialisation. Il importe de signaler que plusieurs points d'eau ont subi des aménagements profonds, avec remplacement du couvert naturel par du béton facilitant aux autochtones et aux visiteurs l'accès à l'eau.

Le meilleur exemple illustrant l'impact de ce tourisme anarchique est celui de l'oued Tizguit à Ifrane : fortement transformée, cette petite vallée accueille dès le mois d'avril, en particulier pendant les week-ends et les jours de fête, de 1.000 à 6.000 visiteurs par jour, produisant plusieurs tonnes de déchets solides, organiques et liquides.

En parallèle avec ce tourisme anarchique, la fréquentation par le bétail a subi une mutation très défavorable pour les zones humides de montagne, constituant les seuls lieux d'abreuvement, celles-ci furent exploitées depuis fort longtemps à travers un système de transhumance où les troupeaux séjournaient en montagne pendant les 4-5 mois secs. Durant les deux dernières décennies, où les crises de sécheresse répétées écourtaient la durée d'enneigement, le séjour du bétail en montagne fut étalé sur des périodes de plus en plus longues, pour finir avec la sédentarisation de certains nomades à proximité des points d'eau, celle-ci a nécessité le recours à des prélèvements d'eau dans la nappe et à des constructions en dur, en plus de la dégradation du couvert forestier pour le chauffage et de l'expansion de l'agriculture vivrière.

C8- Conséquences écologiques de la sécheresse

Les conséquences directes de la sécheresse sur les zones humides résident surtout dans la baisse du niveau des lacs et du débit des rivières, provoquant des crises écologiques plus ou moins aiguës : rétrécissement des habitats, baisse du courant et du taux d'oxygénation, réchauffement et forte minéralisation des eaux, eutrophisation du milieu etc. avec possibilité de disparition d'espèces d'eau froide au profit d'espèces thermophiles (Dakki 1987).

Sur le plan socio-économique, la sécheresse a déclenché, entre autres, un exode rural qui s'est manifesté par un gonflement brutal et exagéré des centres urbains, provoquant ainsi un accroissement inattendu du volume des eaux usées et de la demande en eau potable et industrielle ; parallèlement la demande en eau d'irrigation ne cesse d'augmenter. Pour affronter ces crises sociales, le Maroc a eu recours à des mesures d'urgence consistant en une mobilisation massive des eaux de surface et profondes, notamment à travers les pompages et les barrages. Le Moyen Atlas, malgré son climat humide et son aquifère riche, n'a pas échappé à ces mesures, celles-ci furent généralement en faveur des centres urbains de la périphérie nord de ce massif.

Certains cours d'eau et sources ont ainsi tari durant les années sèches, alors que les lacs se sont fortement rétrécis et certains d'entre eux se sont asséchés à plusieurs reprises (Awa, Afennourir), subissant ainsi des pertes écologiques irréversibles et des pertes considérables de leur valeur piscicole.

C'est dire que ces mesures d'urgence ont eu un effet multiplicatif (et non pas seulement additif) sur les impacts directs de la sécheresse.

Par ailleurs, la sécheresse a favorisé l'installation en altitude de certaines formes d'agriculture qui, une fois mises en route, ont été contraintes de puiser dans les aquifères déjà affectés par la sécheresse. Aussi, la tendance régressive de la transhumance, dont les effets sur les zones humides ont été évoqués ci-dessus, n'est-elle pas en partie due à la sécheresse.

C-9 Statuts de protection

Outre les nombreuses conventions et protocoles internationaux que le Maroc a ratifiés et qui sont plus ou moins contraignants en matière de protection de la nature, la législation marocaine offre actuellement aux zones humides quatre statuts de protection. Trois de ces statuts (Parc National, Réserve permanente de Chasse et Réserve permanente de Pêche) relèvent des compétences du Haut commissariat aux Eaux et Forêts et à la Lutte contre la Désertification, le classement en tant que (Site Classé) patrimoine naturel et culturel, relève des compétences du Ministère des Affaires Culturelles. Dans ce contexte, il convient de préciser que la plupart des lacs du Moyen Atlas sont classés par ce ministère, alors que certains d'entre eux sont des réserves permanentes de chasse et/ou inclus dans le Park National d'Ifrane (Tableau 40).

En parallèle avec ces statuts, plusieurs espèces animales sont protégées par la législation marocaine (Réserve de chasse et/ou de pêche). Dans ce cadre, il faut mentionner les deux espèces d'oiseaux d'eau les plus intéressantes du Moyen Atlas (Foulque caronculée et Tadorne casarca), qui jouissent du statut d'espèces protégées.

Le processus de classement dans ces statuts fut très lent jusqu'aux années 1990, date à partir de laquelle le Maroc a procédé à l'identification d'un réseau de 160 Sites d'Intérêt Biologique et Ecologique (SIBE), présenté dans un cadre stratégique (EFCS, 1995). Dans cet inventaire, figurent 84 zones humides, dont 15% (13 sites) sont dans le Moyen Atlas (Tableau 40).

Cet inventaire fut suivi de l'identification d'un réseau de Zones d'Importance pour la Conservation des Oiseaux (ZICOs), chapeauté par BirdLife International ; basé sur des critères d'importance internationale, ce réseau comprend cinq zones humides du Moyen Atlas (Tableau 40), toutes identifiées auparavant comme SIBEs.

En 2002, le Maroc a entrepris un inventaire de 20 zones humides dans le but de les inscrire sur la liste de la convention de Ramsar. Cet inventaire, en cours d'achèvement, portera la liste des sites Ramsar du pays à 24, parmi lesquels deux sont au Moyen Atlas : le lac d'Afennourir, inscrit en 1980, et le complexe des deux lacs de Tifounassine et de Sidi Ali-Ta'anzoult et le haut Guigou en aval de sa source principale (Aghbalou Aberchane).

Tableau 40 : Statut de protection des zones humides moyen-atlasiques.

Sites	Statut de protection							
	LNC	RPC	RPP	RAP	SCPN	SIBE	ZICO	SR
Aguelmam Abekhane						3		
Aguelmam Afennourir	+	+		+		1	+	+
Aguelmam Azegza	+				+	3		
Aguelmam Mi Ammi						3		
Aguelmam n'Tifounassine	+					2	+	+
Aguelmam Sidi Ali-Ta'anzoult	+					2	+	+
Aguelmam Wiwane	+			+	+	3		
Dayet Awa	+	+				3	+	
Dayet Iffer						3		
Dayet Ifrah						3	+	
Oued Guigou à Foum Khnag								+
Plans d'eau Amghass						3		
Plan d'eau de Zerrouka		+	+			3		

LNC : Lacs Naturels Classés, **RPC** : Réserve permanente de chasse, **RPP** : Réserve permanente de Pêche, **RAP** : Réserves Annuelles de Pêche, **SCPN** : Site Classé en tant que Patrimoine naturel, **SIBE** : site d'intérêt biologique et écologique : les chiffres **1**, **2** et **3** indiquent l'ordre de priorité de protection (urgente, court terme, moyen terme), **ZICOs** : Zone d'Importance pour la Conservation des Zones Humides, **SR** : Site Ramsar (Zone Humide d'importance Internationale).

D- Conclusion

Les lacs moyen-atlasiques sont considérés comme les représentants les plus méridionaux des écosystèmes lacustres de la zone paléarctique tempérée ; leur biodiversité, bien que non encore totalement détaillée, leur attribuent une certaine originalité. Ces zones humides remplissent des fonctions écologiques d'une importance primordiale pour la conservation de la biodiversité dans cette région.

Leurs valeurs piscicoles, herpétologique, entomologique, culturelles et patrimoniales leurs confèrent une importance nationale et internationale.

Malheureusement, de nombreux dysfonctionnements et pratiques très néfastes ont été notés aux niveaux de ces écosystèmes. Ces perturbations à la fois d'origine humaine et naturelle accélèrent le rythme de la dégradation des principales valeurs de ces zones humides

Une attention rigoureuse et une meilleure planification soutenue par un arsenal juridique efficace permettraient de minimiser l'impact de la plupart des dégradations. Dans tous les cas, les scientifiques, les gestionnaires et les planificateurs sont tous unanimes sur l'urgence de la protection de ces zones humides et de la mise en place de moyens et d'outils fiables de conservation.

CONCLUSION GENERALE

Ce travail est une contribution à l'élaboration d'une typologie écologique, à la connaissance de l'organisation spatio-temporelle des peuplements d'oiseaux d'eau des lacs du Moyen Atlas et à l'évaluation patrimoniale de ces sites.

Dans cette conclusion, nous nous attacherons à dégager les éléments les plus importants concernant les trois principales orientations adoptées dans cette thèse.

La présentation des lacs a porté dans une première étape sur les conditions régionales qui régissent l'évolution des écosystèmes lacustres du Moyen Atlas, tout en insistant sur les facteurs de genèse de ces formations aquatiques. Cette dernière s'avère résulter du concours de phénomènes tectoniques, karstiques et climatiques.

Toutefois, le climat aurait joué un rôle déterminant dans cette genèse à travers la stimulation de la karstogenèse, dont résulte la création de dépressions où la nappe phréatique émerge, et où les eaux de surface s'accumulent.

De la description de ces lacs, une vision synthétique de leurs caractéristiques a pu être développée ; elle peut être résumée en trois points :

-les lacs du Moyen Atlas représentent des plans d'eau dont la superficie varie entre 2 à 300 ha, de profondeur maximale généralement faible (1,5 à 13 m à avec quelques lacs relativement profonds : Aguelmam Sidi Ali (37 m), Aguelmam Azegza (26 m) et Tiguelmamine (20 m), sachant que ces valeurs sont plus faibles que celles relevées avant la période de sécheresse des années 1980-1996,

-la transparence des eaux lacustres est moyenne dans les lacs profonds est faible dans les lacs peu profonds, en relation surtout avec le degré de trophie de ces lacs.

- Aux températures relativement élevées (en dehors de la période d'enneigement), une bonne minéralisation des eaux et une biodiversité floristique et faunistique relativement élevée, favorisant une bonne production des écosystèmes lacustres, les lacs du Moyen Atlas sont considérés de type eutrophe.

Un essai de classification des lacs moyen-atlasiques basé sur les paramètres mésologiques a mis en relief le rôle discriminatoire des paramètres physico-graphiques (nature du lac, profondeur, superficie, pente des rives et reliefs du bassin versant immédiat).

Le peuplement ornithologique des lacs du Moyen Atlas compte une trentaine d'espèces ; il est dominé par les Anatidés (10 espèces, soit plus 37 % de l'avifaune), avec une prédominance du Canard colvert et du Tadorne casarca. Les Rallidés (Foulque macroule et Foulque caronculée) et les Podicipédidés (Grèbe castagneux Grèbe huppé et Grèbe à cou noir), occupent en terme d'abondance, respectivement le deuxième et le troisième rangs. Les Limicoles, bien représentés sur le plan spécifique, restent un groupe peu commun dans ces habitats, mais il convient d'y signaler la nidification de l'Echasse blanche.

Un suivi régulier de la phénologie des oiseaux d'eau a permis de relever quelques résultats intéressants :

-la diversité et l'abondance de l'avifaune aquatique atteignent leur apogée en période préhivernale et hivernale (octobre-décembre), alors que ces paramètres sont à leur minimum durant la période estivale (juin-août),

-le suivi a permis de définir plusieurs catégories phénologiques dans lesquelles ont pu être classées toutes les espèces régulières de ces lacs : nicheurs sédentaires, nicheurs sédentaires et hivernants migrateurs, migrateurs hivernants estivants, visiteurs occasionnels.

-la biotypologie spatio-temporelle des peuplements aviens des lacs a révélé trois groupes de milieux :

-1^{ier}groupe (Awa, Tifounassine, Zerrouka, Amghass et Wiwane) correspondant à des lacs peu profonds, avec une végétation riveraine développée, ces habitats sont fréquentés essentiellement par des oiseaux plongeurs (Foulques et Grèbes) alors que les Canards de surface y occupent la seconde place,

-2^{ème}groupe (Sidi Ali, Afennourir, Ifrah et Abekhane) où sont réunis les grands lacs profonds ou larges, dont le peuplement avien est dominé par le Canard colvert et le Tadorne casarca suivis par des oiseaux plongeurs (Foulques, Fuligule milouin et Grèbe à cou noir) ; ces espèces sont pour la plupart des nicheurs sédentaires, auxquels s'ajoutent des hivernants allochtones.

D'autres Anatidés, présentent une nette préférence pour ce type d'habitat (Canard siffleur, Canard souchet, Canard chipeau, Canard pilet et sarcelle d'hiver),

-3^{ème}groupe (Tiguelmamine, Azegza, Afourgagh et Iffer) représentant des lacs à faible diversité ornithologique. Leur situation géographique au milieu de dolines creuses entourées de forêts et aux zones ripicoles étroites et abruptes ainsi que les grands impacts humains qu'ils subissent sont responsables de cet appauvrissement.

Les résultats de la biotypologie sont renforcés par une analyse des peuplements basée sur l'utilisation du coefficient de préférence et du diagramme "degré de préférence-abondance", laquelle analyse a permis d'identifier les espèces électives ou préférantes, de définir leurs successions dans chaque lac et de mettre en évidence les espèces clés de chaque groupement biotypologique.

L'application du critère 6 de la Convention Ramsar a permis de sélectionner six zones humides d'importance internationale : Afennourir, Sidi Ali, Tifounassine, Ifrah, Awa et Zerrouka. Deux espèces sont responsables de cet intérêt : le Tadorne casarca *Tadorna ferruginea* dont l'effectif dépasse le seuil 1% de sa population régionale dans les quatre premiers et la Foulque caronculée *Fulica cristata* dont la taille de la population qui dépasse ce seuil dans les six lacs.

L'application du critère "1% national" à ces espèces d'oiseaux en hivernage a permis d'identifier neuf lacs d'importance nationale (Afennourir, Sidi Ali, Tifounassine, Ifrah, Awa, Abekhane, Wiwane Amghass et Zerrouka).

Outre leur valeur ornithologique, ces lacs sont considérés comme des zones d'intérêt majeur pour la conservation de la biodiversité, ils présentent également d'autres valeurs piscicoles et culturelles et assurent des fonctions hydrologiques et socio-économiques dont l'impact s'étend à une grande partie du pays.

Les études récentes relatives à la biodiversité dont fait partie le présent travail ont sensiblement contribué à éclairer les gestionnaires sur les valeurs écologiques de ces zones humides et aussi sur les impacts qu'elles subissent. Il en a résulté une prise de conscience qui s'est matérialisée par l'affectation aux sites les plus importants d'un statut de protection national et/ou international. C'est à ce titre qu'il convient de noter que les lacs du Moyen Atlas ont été classés comme des SIBEs dans le plan Directeur des Aires Protégés du Maroc ; par ailleurs, deux lacs ont été récemment proposés comme sites Ramsar (Sidi Ali et Tifounassine).

Les résultats de ce travail constituent les éléments de base d'un diagnostic écologique pour d'éventuels plans de gestion des aires protégées incluant les lacs du Moyen Atlas comme c'était le cas pour le parc national d'Ifrane incluant les lacs Afennourir et Awa. En outre ils constituent une contribution à l'inventaire national des zones humides, tant attendu par les gestionnaires des zones humides.

Toutefois, en attendant l'approbation du projet de loi sur les aires protégées, notre étude permet déjà de proposer des actions de gestion durable de ces lacs, notamment la sensibilisation du public aux fonctions jouées par ces lacs et aux impacts qu'ils subissent et un programme de mise en valeur éducative et écotouristique ; celle-ci étant justifiée par les valeurs ornithologiques et paysagères mises en évidence dans le présent travail.

Il est par ailleurs urgent de trouver un moyen légal de contrôler l'extension de l'habitat humain sur les bords des lacs, phénomène lié essentiellement à l'abolition progressive de la sédentarisation des bergers par la promotion d'une transhumance rationnelle et réglementée, mode qui garantissait le renouvellement des ressources pastorales, la préservation du patrimoine forestier et la propreté de l'espace entourant les lacs.

I. REFERENCES BIBLIOGRAPHIQUES

AABI, M. (1985).- *Approche fonctionnelle d'un lac du Moyen-Atlas (Dayet Ifrah) en vue de son utilisation piscicole.* Mémoire de 3ème cycle, Université catholique de louvain-la-Neuve, Belgique. 77pp.

AMHAOUCH, M. (1995).- *Etude physico-chimique et ichthyologique des lacs du Moyen Atlas : cas d'Ifrah et Sidi Ali.* Mém.3ème cycle Ecole Nat. Forest. Ingénieurs, Salé. 130 pp.

AOUAD N. (1991).- *Le polymorphisme des Insectes aquatiques du Maroc : exemple des Hydrophiloidea (Coleoptères Palpicornes).* Thèse de Doctorat d'Etat es-sciences en Ecologie. Univ. Mohamed V Fac. Sci. Rabat. 183 pp

AULAGNIER, St. & THEVENOT, M. (1986).- *Catalogue des Mammifères sauvages du Maroc*, Trav. Inst. Sci. Rabat sér. Zool., 41 : 163pp.

AZEROUAL, A. (2003).- *Monographie des poissons des eaux continentales du Maroc : Systématique, distribution et écologie.* Doctorat en Sciences Biologiques. Université Mohammed V Faculté des Sciences – Rabat 205 pp.

BAALI, A. (1998).- *Genèse et évolution au Plio-quaternaire de deux bassins intramontagneux en domaine carbonaté méditerranéen. Les bassins versants des Dayets Afourgagh et Agoulmam.* Thèse ès-Sciences, Univ. Sidi Mohamed ben Abdellah. Fac. Sci. Fès.

BEAUBRUN, P.C. & THEVENOT, M. (1983). - *Recensement hivernal d'Oiseaux d'eau au Maroc : janvier 1983.* Direction des Eaux et Forêts & Institut Scientifique, Rabat, 22 pp.

BEAUBRUN, P.C. & THEVENOT, M. (1984). - Recensement hivernal d'Oiseaux d'eau au Maroc : janvier 1984. *Doc. Inst. Sci.,* Rabat, 8, 29 pp.

BEAUBRUN, P.C. & THEVENOT, M. (1987). - Anatidas y Laridos de Marruecos y del Mediterraneo. Censos de los invernantes y reparticion de los nidificantes. In : *Actas Prim. Congr. hispano-africano Cult. Medit.,* 11-16 juin 1984, Melilla, 2 : 137-141.

BEAUBRUN, P.C. & THEVENOT, M. (1988). - Recensement hivernal d'Oiseaux d'eau au Maroc : janvier 1986. *Doc. Inst. Sci.,* Rabat, 11, 13 pp.

BEAUBRUN, P.C., THEVENOT, M. & BAOUAB, R.E. (1986). - Recensement hivernal d'Oiseaux d'eau au Maroc : janvier 1985. *Doc. Inst. Sci.,* Rabat, 10, 21 pp.

BEAUBRUN, P.C., THEVENOT, M. & DAKKI, M. (1988a). - Recensement hivernal d'Oiseaux d'eau au Maroc : janvier 1987. *Doc. Inst. Sci.,* Rabat, 11 : 15-37.

BEAUFORT, F. & CZAJKOWSKI, A.M. (1986). - *Zones humides d'Afrique septentrionale, centrale et occidentale. II - Inventaire préliminaire et méthodologie.* Secrétariat de la Faune et de la Flore, Muséum National d'Histoire Naturelle, Paris, 477 pp.

BENHOUSSA, A., DAKKI M., QNINBA A., EL AGBANI M.A. (1999).- Habitats d'un site Ramsar côtier du Maroc, La merja Zerga : Approches typologique et cartographique *SEHUMED,* (9) : 75-82

BENHOUSSA, A. (2000).- *Caractérisation des habitats et microdistribution de l'avifaune de la zone humide de Merja Zerga (Maroc).* Thèse es-Sciences Biologiques. Univ. Mohamed V-Agdal, Fac. Sci. Rabat 256 pp.

BENTAYEB, A. et LECLERC, C. (1977).-Le Moyen Atlas (le causse Moyen Atlasique), in : Ressources en eau du Maroc. Domaines atlasique et sud-atlasique. *Notes et Mem.Serv. Géol. Maroc, n°231, Tome 3* : 37-66

BERGIER P., FRANCHIMONT J., THEVENOT M. & LA COMMISSION D'HOMOLOGATION MAROCAINE (1999).- Les oiseaux rares au Maroc. Rapport de la Commission d'Homologation Marocaine Numéro 3 (1997). *Porphyrio*, 10-11 : 254-263.

BERGIER P., FRANCHIMONT J., THEVENOT M. & LA COMMISSION D'HOMOLOGATION MAROCAINE, (2000).- Les oiseaux rares au Maroc. Rapport de la Commission d'Homologation Marocaine Numéro 5 (1999). *Porphyrio*, 12(1/2) : 47-56

BERGIER P., FRANCHIMONT J. et THVENOT, M. (2003).- Evolution récente de la population d'Erismature à tête blanche *Oxyura leucocephala* au Maroc, *Alauda* 71(3), 2003 : 339-346

BLONDEL, J. & BLONDEL, C. (1964). - Remarques sur l'hivernage des Limicoles et autres Oiseaux aquatiques au Maroc (janvier 1964). *Alauda*, 32 : 250-279.

BONS, J. GENIEZ, Ph., (1996).- *Amphibiens et reptiles du Maroc.* Editores Albert Montori et Vincente Roca Association Herpétologique Espanola, Barcelona, 1995. 320 pp.

BOUKA, H. (1993).- *Contribution à l'étude des Mollusques dulcicoles du Moyen Atlas central Maroc.* Thèse de troisième cycle. Univ. Cadi Ayad. Fac. Sci Marrakech : 168pp.

BRITTON, R. H. & CRIVELLI, A. J. (1993).- Wetlands of southern Europe and North Africa : *Mediterranean wetlands in Wetlands of the World* I de D.F. Whigham *et al.* (Eds).

BURGIS, M.J. & SYMOENS, J.J. (eds). (1987). - *African Wetlands and Shallow Water Bobies.* ORSTOM., Paris, France, 650 pp.

CARP, E. (1980). - *A Directory of Western Palearctic Wetlands.* UNEP, Nairobi, Kenya, & IUCN, Gland, Switzerland, 506 pp.

CARPENTIER, C. J. (1933).- Contribution à l'étude de l'Ornithologie marocaine : les Oiseaux du pays Zaïan. *Bull. Sci. Nat.* Maroc 13 : 23-68

CESILLY F., BOY V., GREEN R.E., HIRONS G.J.M. et JOHNSON A.R. (1995).- International variation in Greater Flamingo breeding succes in relation to water levels *Ecology* 76 : 20-26

CHAMPEAU, A. (1970).-Etude de la vie latente chez les Calanoides (Copépodes) caractéristiques des eaux temporaires de Basse-Provence. *Ann. Fac. Sci. Marseille* n°44 : 155-189.

CHARRIERE, A. (1984).- Evolution néogène des bassins continentaux et marins dans le Moyen Atlas central (Maroc). *Bull. Soc. Géol. France* (7), XXVI n°6 : 1127-1136.

CHILLASSE, L. (1990).- *Régime alimentaire de quatre espèces d'Amphibiens Anoures dans la région d'Aguelmam Azegza (Moyen Atlas).* Thèse de Doctorat de troisième cycle, Univ. Mohammed V-Agdal, Fac Sci. Rabat; 176 pp.

CHILLASSE, L., DAKKI, M. & ABBASSI, M. (1999).- Les lacs naturels du Moyen Atlas, zone d'intérêt majeur pour la conservation de la biodiversité. *Proceeding of First International Conference on Biodiversity and Natural Resources Preservation, School of Science & Engineering, Al Akhawayn University, Ifrane, May* 13-14,

CHILLASSE, L.(2000).- Les Oiseaux nicheurs et estivants des lacs naturels du Moyen Atlas. *Actes des troisièmes journées Oiseaux d'eau et les Zones humides au Maroc, Institut Scientifique, Rabat*, 90-10 juin, 2000.

CHILLASSE, L.; DAKKI, M. & ABBASSI, M. (2001).- Valeurs et fonctions écologiques des zones humides du Moyen Atlas (Maroc). *Humedales Mediterraneos SEHUMED* 1(2001) : 139-146.

CHILLASSE, L. & DAKKI, M. (2004).- Potentialités et Statuts de conservation des zones humides du Moyen Atlas (Maroc) avec référence aux influences de la sécheresse. *Revue Sécheresse et changements climatiques planétaires* n° 4, Vol. 15 : 337-45

COLLAR, N.J.; CROSBY, M.J. & STATTERSFIELD, A.J. (1994). - *Birds to Watch 2 : The World List of Threatened Birds*. Cambridge, U.K.BirdLife International (BirdLife Conservation Series N° 4), 407 pp.

COLO, G. (1961).- Contribution à l'étude du Jurassique du Moyen Atlas septentrional. *Notes et Mem. Serv. Géol. Maroc* n°139, 226 pp.

CRAMP, S. & SIMMONS, K.E.L. (eds.) (1977).- *The Birds of the Western Palearctic. Vol. I. Ostrich to Ducks*. Oxford University Press, Oxford, London, New-York, 722 pp.

CRAMP, S. & SIMMONS, K.E.L. (Eds) (1983).-*Handbook of the birds of Europe,The Middle East and North Africa. The Birds of the Western Palearctic*. Vol 3 Waders to Gulls. Oxford University Press, Oxford. 922 pp.

DAKKI, M. (1985).- Sur le choix des données en biotypologie des eaux courantes par l'analyse Factorielle des correspondances. *Bull. Ecol.,* 4 : 285-296.

DAKKI, M. (1986).- *Recherches hydrobiologiques sur le Haut Sebou (Moyen Atlas), une contribution à la connaissance faunistique et écologique et historique des eaux courantes sud-méditerranéennes*. Thèse Doc. Etat ès-Sciences, Fac. Sci. Rabat, 214pp.

DAKKI, M. (1987).- Ecosystèmes d'eau courante du haut Sebou (Moyen Atlas) : études typologiques et analyses écologique et biogéographique des principaux peuplements entomologiques. *Trav. Inst. Sci.,* Rabat, Sér. Zool., 42, 99 pp.

DAKKI, M. ; BAOUAB, R.E. & EL AGBANI, M.A. (1989).- Recensement hivernal d'Oiseaux d'eau au Maroc : janvier 1989. *Doc. Inst. Sci.,* Rabat, 12, 20 pp.

DAKKI, M. ; BAOUAB, R.E. & EL AGBANI, M.A. (1991).- Recensement hivernal d'Oiseaux d'eau au Maroc : janvier 1991. *Doc. Inst. Sci.,* Rabat, 14, 30 pp.

DAKKI, M. & EL AGBANI, M.A. (1993).- Recensement hivernal d'Oiseaux d'eau au Maroc : janvier 1993. *Doc. Inst. Sci.,* Rabat, 16

DAKKI, M.; EL AGBANI, M.A. & QNINBA, A. (1995).- *Wintering of Waders in Morocco : a synthesis of the 1983-1994 census, with identification of the most important sites*. 10th International Waterfowl Ecology Symposium and Wader Study Group Conference, 15-21 September 1995, Aveiro - Portugal.

DAKKI, M. & EL AGBANI, M.A. (1995).- The Moroccan Wetlands diversity and human impact. *In* Montes *et al* (Eds), *Bases ecológicas para la restauración de humedales en la cuenca mediterránea* Consejería de Medio Ambiente, España : 299-307

DAKKI, M. ; EL FELLAH, B. et EL AGBANI, M. A. (1996).-Identification du basin versant. In : Costa, L. T,. et al (1996) *Inventaire des zones humides Méditerranéennes. Manuel de référence. édition MedWet, Vol. 1 :* 45-52

DAKKI, M., BENHOUSSA, A. ; HAMMADA, S.; IBNTATOU, M.; QNINBA, A. & EL AGBANI, M.A. (1997)- Cartographie des habitats naturels/ végétation de la Merja Zerga. *Rapport inédit. AEFCS/ MedWet2* : Conservation et Utilisation rationnelle des Zones Humides Méditerranéennes. 28 pp.

DAKKI, M. (1997).- *Rapport national sur la biodiversité : Faune aquatique continentale.* Rapp. Inédit, Minist. l'Env. PNUE, 117 pp.

DAKKI, M. et EL HAMZAOUI, M. (1998).- L*es zones humides du Maroc : Rapport National.* Adm. Eaux et Forêts et Cons. Sols. Bureau Ramsar Medwet, 31 pp.

DAKKI, M. ; QNINBA, A. ; EL AGBANI, M.A. ; BENHOUSSA, A. & BEAUBRUN, P.C. (2001). - Wintering of waders in Morocco national population estimates and assessment of the sites' importance. *Wader Study Group Bull.*, 96 : 35-47.

DAKKI, M. ; QNINBA, A. ; EL AGBANI, M.A. & BENHOUSSA, A. (2003).- Recensement hivernal d'oiseaux d'eau au Maroc : 1996-2000. *Trav. Inst. Sci., Série Zoologie, n° 45, 36 p.*

DEETJEN, H. (1968).- Nouvelle contribution à l'étude de l'avifaune du lac de Sidi Bou-Rhaba. *Bull. Soc. Sci. Nat. Maroc*, 48 : 101-103.

DELANY, S. & SCOTT, D. (2002).- *Waterbird population Estimates.* Third Edition, Wetlands International Global Series n°12, 226 pp.

DORST, J. (1951).-Observations ornithologiques dans le Moyen Atlas marocain. L'Oiseau et la R.F.O., 21, 289-303.

DRESCH, J. (1938).- La structure et évolution du relief du massif du Toubkal. *Rev. Géog. marocaine*, 22(2) : 95-111.

DUBOIS, P. & DUHAUTOIS, L. (1977).- Notes sur l'ornithologie marocaine. *Alauda,* 45 : 285-291.

DUMONT, H.J., MIRON, I., DALL'ASTA, U., DECRAEMER, W. & CLAUS, C. (1973).- Limnological aspects of some Moroccan Atlas Lakes, with reference to some physical & chemical variables, the nature and distribution of the phyto & zooplankton, including a note on possibilities of development of Inland Fishery. *Intern. Rev. Gesamten Hydrobiol.*, 58 : 33-60.

DUSSART, B. (1991).- *Limnologie, l'étude des eaux continentales.* Ed. Boubée.Paris, 1966.

EL AGBANI, M.A. (1984)-*Le réseau hydrographique du bassin versant de l'oued Bou Regreg (Plateau Central Marocain) -Essai de biotypologie-* Thèse doct. 3ème cycle, Univ. Claude Bernard Lyon I, 147 pp.

EL AGBANI, M.A. ; BAOUAB, R.E. & DAKKI, M. (1990).- Recensement hivernal d'Oiseaux d'eau au Maroc : janvier 1990. *Doc. Inst. Sci.,* Rabat, 13, 26 pp.

EL AGBANI, M.A. & DAKKI, M. (1992).- Recensement hivernal d'Oiseaux d'eau au Maroc : janvier 1992. *Doc. Inst. Sci.*, Rabat, 15, 32 pp

EL AGBANI, M.A. & DAKKI, M. (1994).- Recensement hivernal d'Oiseaux d'eau au Maroc : janvier 1994. *Doc. Inst. Sci.,* Rabat, 17

EL AGBANI, M. A. ; DAKKI, M. ; BEAUBRUN, P. C. & THEVENOT, M. (1996).- L'hivernage des Anatidés (Anatidae) au Maroc : effectifs et sites d'importance internationale et nationale. *Gibier Faune Sauvage .Game Wildl. Vol.*13 *Juin* 1996, : 233-249.

EL AGBANI, M.A. (1997).- *L'hivernage des Anatidés au Maroc. Principales espèces et zones humides d'importance majeure.* Thèse ès-Sciences Biologiques, Fac. Sci. Rabat 183pp.

EL GHARBAOUI, A.(1987).- Le domaine atlasique. *in La grande encyclopidie du Maroc. Vol. Geographie physique et Géologie* p.165-171

EL GHAZI A. & FRANCHIMONT J., (1997).- Chronique ornithologique du GOMAC pour 1996 – Partie I : Des Grèbes aux Pics. *Porphyrio*, 9(1/2) : 70-164.

EL GHAZI A. ; FRANCHIMONT J. & MOUMNI T., (1988-1999).- Chronique ornithologique du GOMAC pour 1997. *Porphyrio*, 10-11 : 60-253.

EL HAMOUMI, R. (2000).- *L'avifaune aquatique du complexe lagunaire de Sidi Moussa-Walidia (Maroc). Composition, Phénologie et microdistribution.* Thèse es-Sciences Biologiques. Univ. HassanII-Mohammedia, Fac. Sci. Ben M'sik Casablanca 241 pp.

EL HAMMICHI F. ; ELMI S. ; FAURE-MAURET A. & BENSHILI K. (2002).- Une plate-forme en distension, témoin de phases pré-accrétion téthysienne en Afrique du Nord pendant le Toarcien-Aalénien (Synclinal Iguer Awragh- Afennourir, Moyen-Atlas, Maroc). *Comptes Rendus Geosciences, Paris*, 1003-1010

EMBERGER, L. (1939).- Aperçu général sur la végétation du Maroc. Commentaire de la carte phyto-géographique du Maroc au 1/500 000. V*eroff. Géobot. Inst. Rübel in Zürich,* 14 et *Mém. Soc. Sc. Nat. Phys. Maroc,mem.* h.s. : 40-157.

EMBERGER, L. (1955).- Une classification biogéographique des climats. *Rec. Trav. Fac. Sci. Montpellier, Ser. Bot.*,7 : 3-45.

ETCHECOPAR, R.D. & HÜE, F. (1964).- *Les Oiseaux du Nord de l'Afrique, de la Mer Rouge aux Canaries.* Editions N. Boubée & Cie, Paris Vie, 606 pp.

EUROPEAN COMMUNITIES COMMISSION. (1991).- *CORINE biotopes - The design, compilation and use of an inventory of sites of major importance for nature conservation in the European Community.* Office for Official Publications of the European Communities, Luxembourg, 132 pp.

FABRE H. & SENOCQ B. (1981).- Etude de quelques lacs d'altitude des Pyrénées. Biologie et dynamique des populations piscicoles. *Fisheries management and Ecology Vol* 4 : 24-70.

FARTHOUAT, J.P. (1975).- Les ressources piscicoles des eaux douces du Maroc. *Nature et Forêts*, 5 : 5-13.

FENNANE, M. ; IBN TATTOU, M. ; MATHEZ, J. ; OUYAHYA, A. & EL-OUALIDI, J. (Eds) (1999).-Flore pratique du Maroc. Vol. 1 Pteridophyta, Gymnospermae, Angiospermae (Lauraceae-Neuradaceae).*trav. Inst. Sci., Rabat. Ser. Bot.* 36 : 558pp.

FEDAN, B. (1989).- Evolution géodynamique d'un bassin intraplaque sur décrochement : le Moyen Atlas (Maroc) durant le Méso-Cénozoïque. *Trav. Inst. Sci.,Rabat, série Géol. Géogr. Phys.* n°18, 142 pp.

FLOWER, R. J.; DEARING, J. A. ET NAWAS, R. (1984).- Sediment supply and accumulation in a small Moroccan lake : an historical perspective. *Hydrobilogia*. 112 : 81-99.

FLOWER, R. J.; STEVENSON, J. A.; FOSTER, I.D.; AIREY, A.; RIPPEY, B.; WILSON, J. et APPLEBY, P. (1989).- Catchment disturbance inferred from paleolimnological studies of three contrasted sub-humid environments in Morocco. *Jour. Paleolimnology.* 1 : 293-322.

FLOWER, R. J. et APPLEBY P. G (1992).- Conservation of Moroccan wetlands and paleoecological assessment of recent environmental change : some preliminary results with special reference to coastal sites. Environmental change research centre. *University College London. Research paper* n° 4, 32 pp.

FOSTER, I. D. L.; DEARING, J. D.; AIREY, A.; FLOWER, R. J. et RIPPEY, B. (1986).- Sediment sources in a Moroccan lake-catchment : a case study using magnetic measurements. *J. Water resources*, 5 : 320-334.

FRANCHIMONT J, (1989).- Chronique ornithologique 1989/1 – Janvier à mars. *Porphyrio*, 1 (1/2) : 9-22.

FRANCHIMONT, J. ; CHAHLAOUI, A. et SAYAD, A. (1994).- Analyse de l'évolution des effectifs des oiseaux d'eau hivernants dans le Maroc central au cours de la décennie 1983-1993. *Porphyrio, vol. 6/7*

FRANCHIMONT J. ; EL GHAZI A. ; THEVENOT M. & BERGIER P. (1997)-Liste GOMAC révisée et statuts des espèces régulièrement observables au Maroc. *Porphyrio*, 9(1/2) : 28-44.

FRETE, P. (1959). - Contribution à l'étude de l'avifaune de la Daya Sidi Bou Rhaba (Lac de Mehdia). *Bull. Soc. Sci. Nat. Phys. Maroc*, 39 : 229-239.

GAY, C. (1976).- *Contribution à l'étude écologique et l'aménagement d'un lac de montagne : le lac de Petichet (Isère).* Thèse és-Sciences Univ. Sci. Et Med. De grenoble. 120 pp.

GAYRAL, P. (1954).- Recherches phytolimnologiques au Maroc. *Trav. Inst. Sci. Cherf.* 4, 306 pp.

GAYRAL, P. & PANOUSE, J.B. (1954).- L'Aguelmane Azigza. Recherches physiques et biologiques. *Bull. Soc. Sci. Nat. Phys. Maroc*, 34 : 135-159.

GENIEZ, M. ; BEAUBRUN, P.C. & GENEIZ Ph. (1992).- Nouvelles observations sur l'herpétofaune marocaine, 3 : leSahara Occidental. Bull. Soc. Herp. Fr., : 7-14

GERARDS, D. ; AMANI, F. et HUBLINJ, J. (1992).- Le gisement pléistocène moyen de l'Ain Maarouf près d'Elhajeb, Maroc : présence d'un hominidé. *C.R. Acad. Sci. Paris*, série II C314, 1992, : 319-323.

GEROUDET, P. (1965). - Notes sur les oiseaux du Maroc. *Alauda,* 33 : 294-308

GHAMIZI, M. (1998).- *Les Mollusques des eaux continentales du Maroc systématique et Bioecologie.* Thèse ès-Sciences. Univ. Cadi Ayad. Fac. Sci. Marrakech, 278 pp.

GHEIT A (1994).- *Recherches sur la Bio-écologie de la faune Hemipterologique aquatique marocaine : Hydrocorises et Amphibicorises peuplant des hydrosystèmes supra-littoraux et continentaux.* Thèse de Doctorat d'Etat es-sciences Biologiques, Univ. Mahamed V Fac. Sci. Rabat, 246 pp.

GREEN, A.J. (1993). - *The status and conservation of the Marbled Teal Marmaronetta angustirostris.* IWRB Special Publication N° 23, Slimbridge, U.K., 107 pp.

HARTERT, E. (1926).- On another Ornitholoical journey to Morocco in 1925. *Mém. Soc. Sci. Nat.* Maroc, 16 : 3-24.

HEIM DE BALSAC, H. & MAYAUD, N. (1962).- *Les Oiseaux du Nord-Ouest de l'Afrique. Distribution géographique, écologique, migrations, reproduction.* Encyclopédie ornithologique X, Lechevalier, Paris, 487 pp.

143

HOVETTE, C. & KOWALSKI, H. (1972). - Dénombrements de la sauvagine dans le Maghreb : janvier - février 1972. *B.I.R.S. Bull.*, 34 : 42-58.

HUGHES, R.H. & HUGHES, J.S. (1992). - *A Directory of African Wetlands.* IUCN, Gland, Switzerland and Cambridge, U.K., UNEP, Nairobi, Kenya, WCMC, Cambridge, U.K., 820 pp.

HUTCHINSON, G. E. (1975).- *A treatise on limnology.* J Wiley and Sons (éd.). New york.

JONES, T. (compiler) 1993. - *A Directory of Wetlands of International Importance : Part one : Africa.* Ramsar Convention Bureau, Gland, Switzerland, 97 pp.

KHARBOUA, M., (1988).- *Ecologie des mollusques dulcicoles de la méséta côtière marocaine.* Thèse de 3ème cycle, Faculté des Sciences Marrakech, : 1-114.

KRIVENKO, V.G. (1984). - Present numbers of waterfowl in the Central Region of the USSR. *In : Proc. All-Union Seminar on Present Status of Waterfowl Stocks*, Moscow, : 8-11.

LAADILA, M. (1982).- *Etude structurale du Moyen Atlas septentrional (région d'El Aderj), Maroc.* Thèse Doctorat de troisième cycle, Fac. Sci. Rabat.

LAPEYRE, G.(1983).- *Analyse de l'hivernage des Anatidés au Maroc.* Thèse Doctorat de troisième cycle, Fac. Sci. Tech. de saint-Jérôme, Marseille, 156 pp.

LAMB, H. F. ; EICHER, U. et SWITSUR, V. R. (1989).- An 18,000 year record of vegetation, lake-level and climatic change from Tigalmamine, Middle Atlas, Morocco. *J. of Biogeography,* 16 : 65-74.

LAMB, H. F.; DAMBLON, F. et MAXTED, R. W (1991).- Human impact on the vegetation of the Middle Atlas, Morocco, during the last 5000 years. *J. Biogeography*, 18 : 519-532.

LAURIOL, B. ; HETU, B. ; COTE, D. et GWYN, H. (1985).- Phénomènes karstiques et périglaciaires dans un lac à niveau variable de l'ile d'Anticosti, Québec. Canada. *Z. geomorph, N. F.*, 29, 3, : 353-365.

LAST, W. M. (1982).- *Holocene carbonate sedimentation in lake Manitoba*, Presse universitaire .Canada.

LEBART, T. ; MORINEAU, A. & TABART, M. (1977). - *Techniques de la description statistique, méthodes et logiciels pour la description des grands tableaux.* Dunod, Paris, 351 pp.

LECOMPTE, M. (1969).- La végétation du Moyen Atlas central. Esquisse phyto-écologique et carte des séries de végétation au 1/200 000. *R. Géogr. Maroc. n°16*, : 3-34.

LECOMPTE, M. (1981).- Deux approches de la relation climat-végétation, in Eaux et climats (mélanges géographiques offerts en hommage à Charles Pièrre Péguy) Grenoble, : 303-313.

LECOMPTE, M. (1986).- *Biogéographie de la montagne marocaine : le Moyen Atlas central.* Editions du CNRS, Paris, 202 pp.

LEGENDRE, P. ; PARE, C. et LONG (1976).- Classification des lacs : physico-chimie, phytoplancton et photo-interprétation. Pp. 369-387 in : *Enironnement- Baie James. Symposium 1976, compte rendu, XXII+* 883pp.

LEGENDRE, L. & LEGENDRE, P. (1979).- *Ecologie numérique. Tome I : Le traitement multiple des données écologiques. Collection d'ecologie*, 12 et 13. Masson, Paris et les presses de l'Université du Québec, XIV + 179 pp.

LEGENDRE, P. ; LONG, F. et BEAUVAIS, A. (1980).- Typologie écologique d'un groupe de lacs du moyen Nord Quebecois. *Annls Limnol.* 16 (2) : 135-158.

LEPOUTRE, B. ; MARTIN, J. & CHAMAYOU, J. (1967).- Le causse Moyen Atlasique. *Cahiers Rech. Agron.*, 24 : 207-226

LEPOUTRE, B. (1963).- Suite d'observations sur la régénération du Cèdre par taches. *Ann. Rech. Forest. Maroc,* 7,(1), : 1-20.

LEPOUTRE, B. (1964).- Premier essai de synthèse sur les mécanismes de régénération du Cèdre dans le Moyen Atlas marocain. *Ann. Rech. Forest. Au Maroc,* 7,(1), : 55-163.

LOUETTE, : M. (1973).- Ornithological observations near freash and brackish water in Morocco during summer 1971. *Gerfaut* 63 : 121-132.

LUTHER, H. & RZOSKA, J. (1971). - *Projet Aqua : a source book of inland waters proposed for conservation.* IBP Handbook N° 21. Blackwell Scientific Publications, Oxford and Edinburgh, 239 pp.

LYNES, H. 1920. Ornithology of the Maroccan Middle-Atlas. *Ibis* 11, : 260-301

MAACHI, M. (1995).- *Les Coléoptères ripicoles des eaux stagnantes marocaines : étude faunistique, écologique et biogéographique.* Thèse ès-sciences. Univ. Mohamed V, Fac. Sci Rabat 170pp.

MAIRE R. (1952 à 1980).- *Flore de l'Afrique du Nord,* 15 vol. publiés, Paul Chevalier, Paris.

MAIRE B. ; EL GHAZI A. & FRANCHIMONT J., (2001-2002).- Chronique Ornithologique du GOMAC pour 1999. I. Des Grèbes aux Rapaces nocturnes. *Porphyrio,* 13-14 : 20-43.

MARTIN, J. (1964).- Le karst de la région des Dayètes (causse moyen-atlasique). Essai de représentation cartographique. *Rev. De géogr. Du Maroc,* 5, : 19-34, carte h.t.

MARTIN, J. (1981).- Le Moyen Atlas central : étude géomorphologique. *Notes* et *Mém. Serv. Géol. n°* 258 445pp.

MDARHRI ALAOUI E.K. ; ARHZAF Z.L. & THEVENOT M., 1990- Chronique ornithologique du G.O.MA.C. 1989/2 – Avril à Décembre. *Porphyrio,* 2 (1/2) : 65-88.

MICHA, J. C., (1977).- *Ecologie dulçicole,* Efor 2151, Facultés des Sciences Agronomiques, Univ. Louvain-La Neuve.

MILLOT, G. (1967).- Signification des études récentes sur les roches argileuses dans l'interprétation des séries sédimentaires. *Sedimentology,* 8, : 259-280

MINISTERE DE L'AGRICULTURE ET DE LA MISE EN VALEUR AGRICOLE/Direction des Eaux et Forêts et de la Conservation des Sols **EFCS** (1995). - *Plan Directeur des Aires Protégées du Maroc* . Groupement BCEOM-SECA Montpellier France :

Volume n°1 : Les Ecosystèmes Marocains et la Situation de la Flore et de la Faune.

Volume n°2 : Les Sites d'Intérêt Biologique et Ecologique du Domaine Continental Terrestre.

Volume n°3 : Les Sites d'Intérêt Biologique et Ecologique du Domaine Littoral.

Volume n°5 : Valorisation du réseau des S.I.B.E. du Maroc.

Volume n°6 : Bibliographie Générale.

MOLL, D. (1999).- *Analyse de l'eau.* Edition Grenoble eau pure, 450pp.

145

MOREAU, R. E. (1972).- *The Palaeartic-African Bird Migration Systems.* Academic Ress, London. 386 pp.

MORGAN, N.C. (1982).- An ecological survey of standing waters in North West Africa : III Site description for Morocco. *Biological Conservation,* 24 : 161-182.

MORGAN, N.C. & BOY, V. (1982). - An ecological survey of standing waters in North-West Africa : I. Rapid survey and classification. *Biological Conservation,* 24 : 5-44.

MOUSLIH, M. (1984).- *Les plans d'eau à Salmonidae du Moyen Atlas marocain, Approche piscicole et écologique, référence à Amghass III.* Doctorat de troisième cycle. Inst. Polytech. De Toulouse, 139pp.

MOUSLIH, M. (1987). Introductions de poissons et d'écrevisses au Maroc. *Rev. Hydrobiol. Trop.* 20(1), : 65-72.

MOUTHON, J. (1980).- *Contribution à l'écologie des mollusques des eaux courantes. Esquisse biotypologique et données écologiques.* Thèse d'Etat, Paris IV, 109pp.

NASSILI, M. (1982).- *Etude structurale de la terminaison nord occidentale du Moyen Atlas plissé (SW Meghraoua, Maroc)* Thèse Doctorat de troisième cycle, Fac. Sci. Rabat.

OLNEY, P. (ED). (1965). - Project MAR. List of European and North African Wetlands of International Importance. IUCN New Series 5. IUCN, Morges, Switzerland, 102 pp.

PANOUSE, J.B. (1950) - Etude limnologique d'un lac marocain, l'Aguelmane Azigza. *C. R. Acad. Sci. Paris,* 231 : 980-981

PIELOU, E. C. (1975).- *Ecological Diversity.* Wiley, New York, 165pp.

POUTEAU C., (1991a).- Chronique ornithologique du G.O.MA.C. pour 1990. *Porphyrio,* 3 (1/2) : 49-110.

POUTEAU C., (1991b).- Liste G.O.MA.C. des oiseaux au Maroc. *Porphyrio,* 3 (1/2) : 5-19.

POUTEAU C., (1993)- Chronique ornithologique du GOMAC pour 1992. *Porphyrio,* 5(1/2) : 60-154.

POUTEAU C. ; FRANCHIMONT J.& SAYAD A., (1992).- Chronique ornithologique du G.O.MA.C. pour 1991. *Porphyrio,* 4(1/2) : 39-117.

PRODON, R. & LEBRETON J. D. (1994).- Analyse multivariées des relations espèces-milieu : structure et interprétation écologique. *Vie et Milieu,* 44 (1) : 69-91

PUJOS, A. (1966).- Les milieux de la cédraie marocaine. *Ann. Rech. Forest. Maroc,* 8, 283pp.

QNINBA, A. (1999).- *Les Limicoles (Aves, Charadrii) du Maroc:synthèse sur l'hivernage à l'échelle nationale et étude phénologique dans le site Ramsar de Merja Zerga.* Thèse es-Sciences Biologiques, Univ. Mohammed V-Agdal, Fac, Sci. Rabat 206pp.

RAMDANI, M. (1986) . *Ecologie des Crustacés (Copépodes, cladocères et ostracodes) des dayas marocaines. Thèse es-sciences Biologiques,* Université Aix-Marseille. Faculté es Sciences 217pp.

RAMDANI, M. ; DAKKI, M. ; KHARBOUA, M. ; EL AGBANI, A et METGE, G. (1987).- Les Gastéropodes dulciçoles du Maroc. Inventaire commenté. *Bull.Inst. Sci. Rabat,* 11 : 135-140.

RAYNAL R. (1952).- Le Moyen Atlas-In Aspects de la Géomorphologie du Maroc. *Notes & Mem. Serv. Géol. Maroc* n° 96 : 37-51

REILLE, M. (1976).- Analyse pollinique de sédiments postglaciaires dans le Moyen Atlas et le Haut Atlas marocain, premiers résultats. *Ecologia Mediterranea,* 2 : 153-170.

RIPPEY, B. (1982).- Sedimentary record of rainfall variations in sub-humid lake. *Nature,* 296 : 434-436.

RIHANE, A. (1990).- Les peuplements ripicoles des doukkala Est : eau courante et eau stagnante (El aounate-Boulaouane) thèse 3ème cycle, Fac. Sci. Rabat. 182pp.

ROBIN, P. (1968). - L'avifaune de l'Iriki (Sud-marocain). *Alauda*, 36 : 237-253.

ROCH, E.D. (1950).- Histoire stratigraphique du Maroc. *Notes et mém. serv. géol. Maroc, n° 80*, 440 pp.

ROSE, P.M. et SCOTT, D.A. (1994). - *Waterfowl Population Estimates*. IWRB Publ. 29, 102 pp.

SAUVAGE, C. (1963).-Etages bioclimatiques *in : Atlas du Maroc*, sect.II, pl.Vib et not. Expl0 Rabat, 44p.

SAUVAGE, C. et VINDT J. (1954).- Flore du Maroc, analytique, descriptive et illustrée. *Trav. Inst. Sc., Sér. Bot.,* 3, 267 pp.

SCHOLLAERT V. & FRANCHIMONT J., (1995).- Chronique ornithologique du GOMAC pour 1994. *Porphyrio*, 7(1/2) : 99-146.

SCHOLLAERT V. & FRANCHIMONT J., (1996).- Chronique ornithologique du GOMAC pour 1995. *Porphyrio*, 8(1/2) : 94-150.

SCHOLLAERT V. ; EL GHAZI A. & FRANCHIMONT, J., (2000).- Chronique ornithologique du GOMAC pour 1998. *Porphyrio*, 12(1/2) : 16-29.

SCHOLLAERT V.; MOUMNI T.; FAREH M.; GAMBAROTTA C.; PASCON J. & FRANCHIMONT J., (1994).- Chronique ornithologique du GOMAC pour 1993. *Porphyrio*, 6(2) : 1-108.

SCOTT, D.A. (1980). - *A Preliminary Inventory of Wetlands of International Importance for Waterfowl in West Europe and Northwest Africa.* IWRB Spec. Publ. 2. IWRB, Slimbridge, U.K., 127 pp.

SCOTT, D.A. & ROSE, P.M. (1996).- *Atlas of Anatidae Populations in Africa and Western Eurasia.* Wetlands International Publication N° 41, Wetlands International, Wageningen, The Netherlands, 336 pp.

SHANNON, C.E. & WEAVER, W. (1948). - A mathematical theory of communication. *Bell. Syst. Tech. J.,* 27, 379-423 et 623-656.

SMITH, K.D. (1965).- On the birds of Morocco. *Ibis*, 107 : 494-526.

SNOW, D. W. (1952).- A contribution to the ornithology of North-west Africa. *Ibis* 94 : 473-498.

SOMERS, D. (1972).- Contribution à la flore des algues de Dayet Iffer et de l'Aguelmane Sidi Ali, Deux lacs du Moyen Atlas au Maroc. *Bull. Soc. Sc. Nat. Phy.* du Maroc T.52, 3 et 4 ème trimestre : 31-42

STASTNY, K. (1986).- *Oiseaux aquatiques* : . Edits Gründ 223 pp.

STEINMANN, S. et BARTELS, G. (1982).- Quartärgeomorphologische Beobachtungen aus Nord und Sud Tunesien. *Catena,* : 95-108

THEVENOT, M.; BEAUBRUN, P.C. & BERGIER, P. (1981).- Compte Rendu d'Ornithologie Marocaine, année 1980. *Doc. Inst. Sci.*, Rabat, 6, 95 pp.

THEVENOT, M., BEAUBRUN, P.C., BAOUAB, R.E. & BERGIER, P. (1982).- Compte Rendu d'Ornithologie Marocaine, année 1981. *Doc. Inst. Sci.*, Rabat, 7, 118 pp.

THEVENOT, M.; BEAUBRUN, P.C. & SCHOUTEN, J. (1988).- Breeding birds of the Khnifiss-La'youne region and its recent developments. *In :* Dakki & De Ligny (Eds), *The Khnifiss Lagoon and its surrounding environment (Province of La'youne, Morocco).* Trav. Inst. Sci., Rabat, Mém. hors série : 141-160.

THEVENOT, M. ; VERNON, R. & BERGIER, P. (2003).- *The birds of Morocco*, British Ornithologists'Union/ british ornithologists' Club, 580 pp.

TUCKER, G. M. & HEATH, M.F. (1994).- *Birds in Europe : Their Conservation Status*, Cambridge, U.K. : BirdLife International, BirdLife Conservation Series n° 3, 600 pp.

UICN (1994).- Liste des Nations Unies des Parcs nationaux et des Aires protégées 1993. Préparée par WCMC et la CPNAP. UICN, Gland, Suisse et Cambridge, Royaume-Uni., xlvi + 315 pp.

VALVERDE, J.A. (1957).- *Aves del Sahara español. Estudio ecologico del desierto.* Instituto de Estudios Africanos, Consejo Superior de Investigacion cientificas. Madrid, 487 pp.

VANDAMM, D. (1984).- *The freshwater mollusca of north Africa.* In Develoments in hydrobiology. 25 (H.J; DUMONT, eds) W; Junker Publischers

VERNON (J.D.R.), 2000- Nidification de la Foulque caronculée au Maroc. *Porphyrio*, 12(1/2) : 33-34.

VIEILLARD, J. (1970). - La distribution du Casarca roux *Tadorna ferruginea. Alauda*, 38 : 87-125.

VIVIER, P. (1948).- Notes sur les eaux douces du Maroc et sur leur mise en valeur. *Bull Français de Pisciculture*, n° 150 (7-9) :5-27.

ZRAOUTI, A. (1993).- Etude hydrobiologique des principaux plans d'eau à truite du Moyen Atlas. Référence aux Amghass. Mem. Troisième Cycle. Ecole nationale Forestière d'ingénieurs Salé.

www.ingramcontent.com/pod-product-compliance
Lightning Source LLC
Chambersburg PA
CBHW021101210326
41598CB00016B/1284